例解钢筋工程实用技术系列

例解钢筋连接方法

LIJIE GANGJIN LIANJIE FANGFA

李守巨　　徐鑫◎主编

知识产权出版社
全国百佳图书出版单位

本书编写组

主　编　李守巨　徐　鑫

参　编　于　涛　王丽娟　成育芳　刘艳君
　　　　孙丽娜　何　影　李春娜　赵　慧
　　　　陶红梅　夏　欣

前　　言

钢筋的材料种类、连接方式对建筑的质量有很大的影响。因此，如何选择钢筋的连接方式是提高建筑质量很重要的途径。本书参考了《钢筋焊接及验收规程》(JGJ 18—2012)、《钢筋混凝土用钢　第 1 部分：热轧光圆钢筋》(GB 1499.1—2008)、《钢筋混凝土用钢　第 2 部分：热轧带肋钢筋》(GB 1499.2—2007)、《钢筋混凝土用余热处理钢筋》(GB 13014—2013) 等相关规程。

本书共分为四章，详细并系统地介绍了钢筋的电阻点焊、钢筋闪光对焊、箍筋闪光对焊、钢筋电弧焊、钢筋电渣压力焊、钢筋气压焊、预埋件钢筋埋弧压力焊、钢筋绑扎搭接、钢筋套筒挤压连接、钢筋锥螺纹套筒连接、钢筋镦粗直螺纹连接、钢筋滚扎直螺纹连接、带肋钢筋熔融金属充填接头连接、钢筋套筒灌浆连接以及钢筋连接的施工安全技术等内容。

本书可供钢筋工程技术人员参考使用，也可供相关院校的师生参考使用。

由于编者的经验和学识有限，虽尽心尽力，但仍不免有疏漏和不妥之处，恳请广大读者和有关专家提出宝贵的意见。

编　者

目　　录

第 1 章

钢筋材料性能与加工

1.1　钢筋的种类

常遇问题

1. 钢筋的种类及特性对钢筋连接都有哪些影响？
2. 如何区分冷拉钢筋、冷轧带肋钢筋以及冷轧扭钢筋？

【要点】

◆钢筋种类概述

1. 钢材按化学成分分类

钢材的种类较多，但混凝土结构中使用的钢筋按化学成分可分为：碳素钢和普通低合金钢两种。

1）碳素钢。是由碳素钢轧制而成，碳素钢按含碳量多少又分为：低碳钢（含碳量小于 0.25%）；中碳钢（含碳量 0.25%～0.60%）；高碳钢（含碳量大于 0.60%）。常用的有 Q300、Q215 等品种。含碳量越高，强度及硬度也越高，但塑性、韧性、冷弯及焊接性能等均降低。

2）普通低合金钢。是在低碳钢和中碳钢的成分中加入少量元素（硅、锰、钛、稀土金属等）制成的钢筋。普通低合金钢钢筋的主要优点是强度高，综合性能好，用钢量比碳素钢少 20% 左右。常用的有 24MnSi、25MnSi、40SiMnV 等品种。

2. 钢筋按生产工艺分类

钢筋按生产工艺可分为热轧钢筋、余热处理钢筋、冷拉钢筋、冷拔钢丝、碳素钢丝、刻痕钢丝、钢绞线、冷轧带肋钢筋、冷轧扭钢筋等。

1）热轧钢筋。是用加热钢坯轧成的条形钢筋。由轧钢厂经过热轧成材供应，钢筋直径一般为 5～50mm，分直条和盘条两种。

2）余热处理钢筋。又称调质钢筋，是经热轧后立即穿水，进行表面控制冷却，然后利用芯部余热自身完成回火处理所得的成品钢筋，其外形一般为有肋的月牙肋，属热轧钢筋一类。

3）冷加工钢筋。有冷拉钢筋和冷拔低碳钢丝两种。冷拉钢筋是将热轧钢筋在常温下进行强力拉伸使其强度提高的一种钢筋。钢丝有低碳钢丝和碳素钢丝两种。冷拔低碳钢丝由直径 6～8mm 的普通热轧圆盘条经多次冷拔而成，分甲、乙两个等级。冷拉钢筋和冷拔低碳钢丝已逐渐淘汰。

4）碳素钢丝。是由优质高碳钢盘条经淬火、酸洗、拔制、回火等工艺而制成的。按生产工艺可分为冷拉及矫直回火两个品种。

5）刻痕钢丝。是把热轧大直径高碳钢加热，并经铅浴淬火，然后冷拔多次，钢丝表面再经过刻痕处理而制得的钢丝。

6）钢绞线。是把光面碳素钢丝在绞线机上进行捻合而成的。

7）冷轧带肋钢筋。是用热轧盘条经多道冷轧减轻、一道压肋并经消除内应力后形成的一种带有两面或三面月牙肋的钢筋。

8）冷轧扭钢筋。是以一级热轧盘条为原料，经专业生产线，先冷轧扁，再冷扭转，从而形成系列螺旋状直条钢筋。

3. 钢筋按其表面形式分类

钢筋按其表面形式可分为光圆钢筋和带肋钢筋。

1）光圆钢筋。表面为圆滑的钢筋。HPB300 级钢筋均轧制为光圆钢筋。

2）带肋钢筋。有"螺纹形""人字形"和"月牙形"三种。一般 HRB335 级、HRB400 级钢筋轧制成"人字形"；RRB400 级钢筋则轧制成"螺纹形"纹及"月牙形"纹。

◆ 热轧钢筋

1. 技术性能

热轧钢筋由于钢厂生产方式不同，供应时有盘圆钢筋及直条钢筋之分。盘圆钢筋（又称盘条），一般以盘圆形式供给，直径在 12mm 以下的细钢筋及钢丝，每盘应由一条钢筋（或钢丝）组成；其要求应符合国家的规定。直条钢筋是以直条形式供应，分为热轧光圆钢筋和热轧带肋钢筋，一般直径大于或等于 12mm，长度一般为 6～12m，如需特长钢筋，可同厂方协议；其要求应符合国家的相关规定。

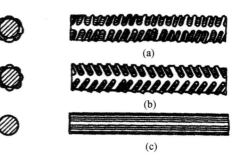

图 1-1　钢筋的外形图
（a）等高肋；（b）月牙肋；（c）光圆形

（1）外形与重量

根据国家标准规定，钢筋混凝土结构中使用的钢筋可分为柔性钢筋和劲性钢筋。常用的普通钢筋都是柔性钢筋，其外形有光圆和带肋两类，带肋钢筋又分为等高肋和月牙肋两类，其外形如图 1-1 所示。

热轧光圆钢筋和带肋钢筋的直径、横截面面积与重量，见表 1-1。

表 1-1　　　　　　　　热轧光圆钢筋和带肋钢筋的直径、横截面面积与重量表

公称直径/mm	公称横截面面积/mm²	公称重量/（kg/m）
6	28.27	0.222
8	50.27	0.395
10	78.54	0.617
12	113.1	0.888
14	153.9	1.21
16	201.1	1.58
18	254.5	2.00
20	314.2	2.47
22	380.1	2.98
25	490.9	3.85
28	615.8	4.83
30	706.9	5.55
32	804.3	6.31
34	907.9	7.13
36	1017.9	7.99
40	1256.6	9.87
50	1964	15.42

注　重量允许偏差：$\phi6\sim12$ 为 ±7%，$\phi14\sim20$ 为 ±5%，$\phi22\sim40$ 为 ±4%。

（2）钢筋的化学成分

热轧钢筋的化学成分应符合表 1 - 2 的规定。

表 1 - 2　　　　　　　　　　　　　热轧钢筋的化学成分

表面形状	强度等级代号	化学成分（％）不大于					
		C	Si	Mn	P	S	C_{eq}
光圆钢筋	HPB300	0.25	0.55	1.50	0.045	0.050	—
月牙肋	HRB335	0.25	0.80	1.60	0.045	0.045	0.52
	HRB400	0.25	0.80	1.60	0.045	0.045	0.54
	HRB500	0.25	0.80	1.60	0.045	0.045	0.55

（3）钢筋的力学性能与工艺性能

热轧钢筋按屈服强度（MPa）可分为：300、335、400、500 级四个等级。除 300 级钢筋为光圆钢筋外，其他均为变形钢筋。其中 400 级分为热轧钢筋和余热处理钢筋两个种类，详见表 1 - 3 所示。

表 1 - 3　　　　　　　　　　　　　热 轧 钢 筋 的 等 级

表 面 形 状	强度等级代号	屈服强度/抗拉强度/MPa
光圆钢筋	HPB300	300/420
变形钢筋	HRB335	335/455
	HRB400	400/540
	RRB400	440/540
	HRB500	500/630

热轧钢筋的力学性能与工艺性能，应符合表 1 - 4 的规定。

表 1 - 4　　　　　　　　　　　　热轧钢筋的力学性能与工艺性能

品　　种		强度等级代号	公称直径/mm	屈服点 R_{el}/MPa	抗拉强度 R_m/MPa	伸长率 A_5（％）	冷　弯	
表面形状	钢筋级别						弯曲角度	弯心直径
				不小于				
光圆钢筋	300	HPB300	8～20	300	420	25	180°	d
月牙肋	335	HRB335	6～25	335	455	17	180°	$3d$
			28～50				180°	$4d$
			＞40～50				180°	$5d$
	400	HRB400	6～25	400	540	16	180°	$4d$
			28～40				180°	$5d$
			＞40～50				180°	$6d$
	500	HRB500	6～25	500	630	15	180°	$6d$
			28～40				180°	$7d$
			＞40～50				180°	$8d$

2. 钢筋应用

HPB300 级钢筋为热轧光圆钢筋，强度较低，塑性及焊接性能较好。其盘圆是加工冷拔低碳钢丝的原材料。HRB335 级钢筋的强度、塑性、焊接等综合使用性均比较好，是应用最广泛的钢筋品种，主要用于普通钢筋混凝土结构和经过冷拉之后作预应力钢筋用。HRB400 级变形钢筋具有较高的强度，可直接在普通钢筋混凝土结构中使用，也可以经冷拉后用作预应力钢筋。HRB500 级钢筋强度较高，屈服强度特征值为 500MPa。

◆ 余热处理钢筋

余热处理钢筋是采用热轧钢筋热轧后立即蘸水，使钢筋表面温度得到控制，然后利用钢筋芯部余热自身完成回火处理所得的成品钢筋。其表面形状同热轧月牙肋钢筋，强度相当于热轧钢筋的Ⅲ级。

余热处理钢筋又称调质钢筋，应符合《钢筋混凝土用余热处理钢筋》（GB 13014—2013）的规定。

1. 力学性能

力学性能试验条件为交货状态或人工时效状态。在有争议时，试验条件按人工时效进行。

钢筋的力学性能特性值应符合表 1-5 的规定。

表 1-5   余热处理钢筋的力学性能

强度等级代号	R_{eL}/MPa	R_m/MPa	A(%)	A_{gt}(%)
	不小于			
RRB400	400	540	14	5.0
RRB500	500	630	13	
RRB400W	430	570	16	7.5

注　时效后检验结果。

直径为 28~40mm 各强度等级代号钢筋的断后伸长率 A 可降低 1%，直径大于 40mm 各强度等级代号钢筋的断后伸长率可降低 2%。

对于没有明显屈服强度的钢，屈服强度特性值 R_{el} 应采用规定非比例延伸强度 $R_{p0.2}$。

根据供需双方协议，伸长率类型可从 A 或 A_{gt} 中选定，如伸长率类型未经协议确定，则伸长率采用 A，仲裁试验时采用 A_{gt}。

2. 工艺性能

（1）弯曲性能

按表 1-6 规定的弯芯直径弯曲 180° 后，钢筋受弯曲部位表面不得产生裂纹。

表 1-6   余热处理钢筋的弯曲性能（mm）

强度等级代号	公称直径 d	弯芯直径
RRB400	8~25	4d
RRB400W	28~40	5d
RRB500	8~25	6d

（2）反向弯曲性能

根据需方要求，钢筋可进行反向弯曲性能试验。反向弯曲试验的弯芯直径比弯曲试验相应增加一个钢筋直径。

反向弯曲试验：先正向弯曲 90° 后再反向弯曲 20°。经反向弯曲试验后，钢筋受弯曲部位表面不得产生裂纹。

◆冷拉钢筋

冷拉钢筋是对热轧钢筋在常温（20±3）℃下，进行强力拉伸而得的。冷拉 HPB300 级钢筋适用于钢筋混凝土结构中的受拉钢筋，冷拉 HRB335 级、HRB400 级、HRB500 级钢筋均可用作预应力钢筋，而冷拉钢筋在承受冲击及振动荷载的结构中不应使用。冷拉钢筋的力学性能应符合国家的相关规定，见表 1-7。

表 1-7　　　　　　　　　　　　　冷拉钢筋的力学性能

强度等级代号	公称直径 d/mm	屈服点 R_{el}/(N/mm²)	抗拉强度 R_m/(N/mm²)	伸长率 A_{10}（%）	冷　弯	
					弯曲角度	弯心直径
		不小于				
冷拉 HPB300 级	6～12	300	420	11	180°	$3d$
冷拉 HRB335 级	8～25	450	510	10	90°	$3d$
	28～40	430	490			$4d$
冷拉 HRB400 级	8～40	500	570	8	90°	$5d$
冷拉 HRB500 级	10～28	700	835	6	90°	$5d$

注　表中 d 代表钢筋直径，直径大于 25mm 的冷拉 HRB335～HRB500 级钢筋，冷弯弯心直径应增加 $1d$。

◆冷轧带肋钢筋

冷轧带肋钢筋是以普通低碳钢或低合金钢热轧盘圆条为母材，经冷轧或冷拔减径后在其表面冷轧成具有三面或二面月牙形横肋的钢筋。这类钢筋同热轧钢筋相比，具有强度高、塑性好、握裹力强等优点，因此被广泛应用于工业与民用建筑中。其性能应符合国家标准《冷轧带肋钢筋》（GB 13788—2008）的规定。

1. 冷轧带肋钢筋的力学性能和工艺性能

钢筋的力学性能和工艺性能应符合表 1-8 的规定。当进行弯曲试验时，受弯曲部位表面不得产生裂纹。反复弯曲试验的弯曲半径应符合表 1-9 的规定。

表 1-8　　　　　　　　　　　　力学性能和工艺性能

强度等级代号	$R_{p0.2}$/MPa 不小于	R_m/MPa 不小于	伸长率（%） 不小于		弯曲试验 180°	反复弯曲次数	应力松弛初始应力应相当于公称抗拉强度的 70%
			$A_{11.3}$	A_{100}			1000h 松弛率（%）不大于
CRB550	500	550	8.0	—	$D=3d$	—	—
CRB650	585	650	—	4.0	—	3	8
CRB800	720	800	—	4.0	—	3	8
CRB970	875	970	—	4.0	—	3	8

注　表中 D 为弯心直径，d 为钢筋公称直径。

表 1-9　　　　　　　　　　反复弯曲试验的弯曲半径　　　　　　　　　（单位：mm）

钢筋公称半径	4	5	6
弯曲半径	1	15	15

钢筋的强屈比 $R_m/R_{p0.2}$ 比值应不小于 1.03。经供需双方协议可用 $A_{gt} \geqslant 2.0\%$ 代替 A。供方在保证 1000h 松弛率合格基础上，允许使用推算法确定 1000h 松弛率。

2. 冷轧带肋钢筋的尺寸、重量及允许偏差

三面肋和两面肋钢筋的尺寸、重量及允许偏差应符合表 1-10 的规定。

表 1-10　　　　　三面肋和两面肋钢筋的尺寸、重量及允许偏差

公称直径 d/mm	公称横截面面积/mm²	重量		横肋中点高		横肋 1/4 处高 $h_{1/4}$/mm	横肋顶宽 b/mm	横肋间隙		相对肋面积 f_r 不小于
		理论重量/(kg/m)	允许偏差（%）	h/mm	允许偏差/mm			l/mm	允许偏差（%）	
4	12.6	0.099		0.30		0.24		4.0		0.036
4.5	15.9	0.125		0.32		0.26		4.0		0.039
5	19.6	0.154		0.32		0.26		4.0		0.039
5.5	23.7	0.186		0.40	+0.10 −0.05	0.32		5.0		0.039
6	28.3	0.222		0.40		0.32		5.0		0.039
6.5	33.2	0.261		0.46		0.37		5.0		0.045
7	28.6	0.302		0.46		0.37		5.0		0.045
7.5	44.2	0.347		0.55		0.44		6.0		0.045
8	50.3	0.395	±4	0.55		0.44	~0.2d	6.0	±15	0.045
8.5	56.7	0.445		0.55		0.44		7.0		0.045
9	63.6	0.499		0.75		0.60		7.0		0.052
9.5	70.8	0.556		0.75	±0.10	0.60		7.0		0.052
10	78.5	0.617		0.75		0.60		7.0		0.052
10.5	86.5	0.679		0.75		0.60		7.4		0.052
11	95.0	0.746		0.85		0.68		7.4		0.056
11.5	103.8	0.815		0.95		0.76		8.4		0.056
12	113.1	0.888		0.95		0.76		8.4		0.056

注　1. 横肋 1/4 处高、肋顶宽供孔型设计用。

2. 两面肋钢筋允许有高度不大于 0.5h 的纵肋。

◆冷轧扭钢筋

冷轧扭钢筋是由普通低碳钢热轧盘圆钢筋经冷轧扭工艺制成。其表面形状为连续的螺旋形，故它与混凝土的黏结性能很强，同时具有较高的强度和足够的塑性。如用它代替 HPB300 级钢筋可节约钢材约 30% 左右，可降低工程成本。冷轧扭钢筋应符合行业标准《冷轧扭钢筋》（JG 190—2006）的规定，其力学性能应符合表 1-11 的规定；其规格及截面参数见表 1-12；冷轧扭钢筋的外形尺寸，详见表 1-13。

表 1-11　　　　　　　　　　　冷轧扭钢筋的力学性能

强度等级代号	型　号	抗拉强度 $f_{yk}/(\text{N}/\text{mm}^2)$	伸长率 $A(\%)$	180°弯曲 (弯心直径=3d)
CTB550	I	≥550	$A_{11.3} \geq 4.5$	受弯曲部位钢筋表面不得产生裂纹
	II	≥550	$A \geq 10$	
	III	≥550	$A \geq 12$	
CTB650	III	≥650	$A_{100} \geq 4$	

注　1. d 为冷轧扭钢筋标志直径。

　　2. A、$A_{11.3}$ 分别代表以标距 $5.65\sqrt{S_0}$ 或 $11.3\sqrt{S_0}$（S_0 为试样原始截面面积）的试样拉伸伸长率，A_{100} 表示标距为 100mm 的试样拉断伸长率。

冷轧扭钢筋一般用于预应力钢筋混凝土楼板和现浇钢筋混凝土楼板等。

表 1-12　　　　　　　　　　冷轧扭钢筋的规格及截面参数

强度等级代号	型　号	标志直径 d/mm	公称截面面积 A_s/mm^2	等效直径 d_0/mm	截面周长 u/mm	理论重量 $G/(\text{kg}/\text{m})$
CTB550	I	6.5	29.50	6.1	23.40	0.232
		8	45.30	7.6	30.00	0.356
		10	68.30	9.3	36.40	0.536
		12	96.14	11.1	43.40	0.755
	II	6.5	29.20	6.1	21.60	0.229
		8	42.30	7.3	26.02	0.332
		10	66.10	9.3	32.52	0.519
		12	92.74	10.9	38.52	0.728
CTB550	III	6.5	29.86	6.2	19.48	0.234
		8	45.24	7.6	23.88	0.355
		10	70.69	9.5	29.55	0.555
CTB650	预应力 III	6.5	28.20	6.0	18.82	0.221
		8	42.73	7.4	23.17	0.335
		10	66.76	9.2	28.96	0.524

注　I 型为矩形截面，II 型为方形截面，III 型为圆形截面。

表 1-13　　　　　　　　　　冷轧扭钢筋的外形尺寸（mm）

强度等级代号	型　号	标志直径 d/mm	截面控制尺寸不小于/mm				节距 l_1 不大于/mm
			轧扁厚度 t_1	方形边长 a_1	外圆直径 d_1	内圆直径 d_2	
CTB550	I	6.5	3.7	—	—	—	75
		8	4.2	—	—	—	95
		10	5.3	—	—	—	110
		12	6.3	—	—	—	150
	II	6.5	—	5.4	—	—	30
		8	—	6.5	—	—	40
		10	—	8.1	—	—	50
		12	—	9.6	—	—	80

强度等级代号	型号	标志直径 d/mm	截面控制尺寸不小于/mm				节距 l_1 不大于/mm
			轧扁厚度 t_1	方形边长 a_1	外圆直径 d_1	内圆直径 d_2	
CTB550	Ⅲ	6.5	—	—	6.17	5.67	40
		8	—	—	7.59	7.09	60
		10	—	—	9.49	8.89	70
CTB650	预应力Ⅲ	6.5	—	—	6.00	5.50	30
		8	—	—	7.38	6.88	50
		10	—	—	9.22	8.67	70

1.2 钢筋的物理性能及化学性能

常遇问题

1. 试述钢筋的物理性能及化学性能所包含的内容。
2. 钢筋中合金元素对钢有哪些影响？

【要点】

◆物理性能

1. 密度

单位体积钢材的重量（现称质量）为密度，单位为 g/cm³。对于不同的钢材，其密度亦稍有不同，钢筋的密度按 7.85g/cm³ 计算。

钢丝及钢筋的公称横截面面积与理论重量见表 1-14。

表 1-14 钢丝及钢筋公称横截面面积与理论重量

公称直径/mm	公称横截面面积/mm²	理论重量/(kg/m)
8	50.27	0.395
10	78.57	0.617
12	113.1	0.888
14	153.9	1.21
16	201.1	1.58
18	254.5	2.00
20	314.2	2.47
22	380.1	2.98
25	490.9	3.85
28	615.8	4.83
32	804.2	6.31
36	1018	7.99
40	1257	9.87
50	1964	15.42

注 理论重量按密度 7.85g/cm³ 计算。

2. 可熔性

钢材在常温时为固体，当其温度升高到一定程度，就能熔化成液体，这叫作可熔性。钢材开始熔化的温度叫熔点，纯铁的熔点为 1534℃。

3. 线〔膨〕胀系数

钢材加热时膨胀的能力，叫热膨胀性。受热膨胀的程度，常用线膨胀系数来表示。钢材温度上升 1℃时，伸长的长度与原来长度的比值，叫钢材的线〔膨〕胀系数，单位符号为 mm/(mm·℃)。

4. 热导率

钢材的导热能力用热导率来表示，工业上用的热导率是以面积热流量除以温度梯度来表示，单位符号为 W/(m·k)。

◆化学性能

1. 耐腐蚀性

钢材在介质的侵蚀作用下被破坏的现象，称为腐蚀。钢材抵抗各种介质（大气、水蒸气、酸、碱、盐）侵蚀的能力，称为耐腐蚀性。

2. 抗氧化性

有些钢材在高温下不被氧化而能稳定工作的能力称为抗氧化性。

3. 钢筋中合金元素的影响

在钢中，除绝大部分是铁元素外，还存在很多其他元素。在钢筋中，这些元素有：碳、硅、锰、钒、钛、铌等；此外，还有杂质元素硫、磷，以及可能存在的氧、氢、氮。

碳（C）：碳与铁形成化合物渗碳体，分子式 Fe_3C，性硬而脆。随着钢中含碳量的增加，钢中渗碳体的量也增多，钢的硬度、强度也提高，而塑性、韧性则下降，性能变脆，焊接性能也随之变坏。

硅（Si）：硅是强脱氧剂，在含量小于 1% 时，能使钢的强度和硬度增加；但含量超过 2% 时，会降低钢的塑性和韧性，并使焊接性能变差。

锰（Mn）：锰是一种良好的脱氧剂，又是一种很好的脱硫剂。锰能提高钢的强度和硬度；但如果含量过高，会降低钢的塑性和韧性。

钒（V）：钒是良好的脱氧剂，能除去钢中的氧，钒能形成碳化物碳化钒，提高了钢的强度和淬透性。

钛（Ti）：钛与碳形成稳定的碳化物，能提高钢的强度和韧性，还能改善钢的焊接性。

铌（Nb）：铌作为微合金元素，在钢中形成稳定的化合物碳化铌（NbC）、氮化铌（NbN），或它们的固溶体 Nb(CN)，弥散析出，可以阻止奥氏体晶粒粗化，从而细化铁素体晶粒，提高钢的强度。

硫（S）：硫是一种有害杂质。硫几乎不溶于钢，它与铁生成低熔点的硫化铁（FeS），导致热脆性。焊接时，容易产生焊缝热裂纹和热影响区出现液化裂纹，使焊接性能变坏，硫以薄膜形式存在于晶界，使钢的塑性和韧性下降。

磷（P）：磷亦是一种有害杂质。磷使钢的塑性和韧性下降，提高钢的脆性转变温度，引起冷脆性。磷还能恶化钢的焊接性能，使焊缝和热影响区产生冷裂纹。

除此之外，钢中还可能存在氧、氢、氮，部分是从原材料中带来的；部分是在冶炼过程中从空气中吸收的，氧、氮超过溶解度时，多数以氧化物、氮化物形式存在。这些元素的存在均会导致钢材强度、塑性、韧性的降低，使钢材性能变坏。但是，当钢中含有钒元素时，由于氮化钒（VN）的存在，能起到沉淀强化、细化晶粒等有利作用。

1.3 钢筋的力学性能

常遇问题
1. 什么是钢筋的力学性能？
2. 钢筋的塑性变形中 A 与哪些因素有关？

【要点】

◆抗拉性能

钢筋的抗拉性能，一般是以钢筋在拉力作用下的应力—应变图来表示。热轧钢筋具有软钢性质，有明显的屈服点，其应力—应变关系，如图 1-2 所示。

1. 弹性阶段

图中的 OA 段，施加外力时，钢筋伸长；除去外力，钢筋恢复到原来的长度。这个阶段称为弹性阶段，在此段内发生的变形称为弹性变形。A 点所对应的应力叫作弹性极限或比例极限，用 σ_p 表示。OA 呈直线状，表明在 OA 阶段内应力与应变的比值为一常数，此常数被称为弹性模量，用符号 E 表示。弹性模量 E 反映了材料抵抗弹性变形的能力。工程上常用的 HPB300 级钢筋，其弹性模量 $E=(2.0\sim2.1)\times10^5\,\mathrm{N/mm^2}$。

2. 屈服阶段

图中的 $B_上 B$ 段。应力超过弹性阶段，达到某一数值时，应力与应变不再成正比关系，在 $B_下 B$ 段内图形成呈锯齿形，这时应力在一个很小范围内波动，而应变却自动增长，犹如停止了对外力的抵抗，或者说屈服于外力，所以叫作屈服阶段。

钢筋到达屈服阶段时，虽尚未断裂，但一般已不能满足结构的设计要求，所以设计时是以这一阶段的应力值为依据，为了安全起见，取其下限值。这样，屈服下限也叫屈服强度或屈服点，用"R_{el}"表示。如 HPB300 级钢筋的屈服强度（屈服点）为不小于 $300\mathrm{N/mm^2}$。

3. 强化阶段（BC 段）

经过屈服阶段之后，试件变形能力又有了新的提高，此时变形的发展虽然很快，但它是随着应力的提高而增加的。BC 段称为强化阶段，对应于最高点 C 的应力称为抗拉强度，用"R_m"表示。如：HPB300 级钢筋的抗拉强度 $R_m\geqslant370\mathrm{N/mm^2}$。

屈服点 R_{el} 与抗拉强度 R_m 的比值叫屈强比。屈强比 R_{el}/R_m 愈小，表明钢材在超过屈服点以后的强度储备能力愈大，则结构的安全性愈高，但屈服比太小，则表明钢材的利用率太低，造成钢材浪费。反之屈服比大，钢材的利用率虽然提高了，但其安全可靠性却降低了。HPB300 级钢筋的屈强比为 0.71 左右。

4. 颈缩阶段（CD）

如图 1-2 中的 CD 段，当试件强度达到 C 点后，其抵抗变形的能力开始有明显下降，试件薄弱部件的断面开始出现显著缩小，此现象称为颈缩，如图 1-3 所示。试件在 D 点断裂，故称

CD 段为颈缩阶段。

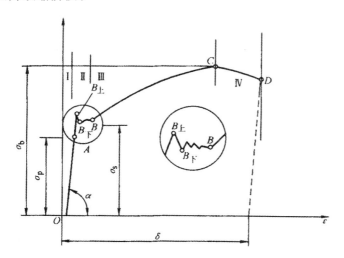

图 1-2　软钢受拉时的应力—应变图

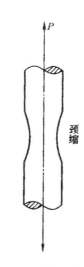

图 1-3　颈缩现象示意图

硬钢（高碳钢—余热处理钢筋和冷拔钢丝）的应力—应变曲线，如图 1-4 所示。从图上可看出其屈服现象不明显，无法测定其屈服点。一般以发生 0.2% 的残余变形时的应力值当作屈服点，用 "$\sigma_{0.2}$" 表示，$\sigma_{0.2}$ 也称为条件屈服强度。

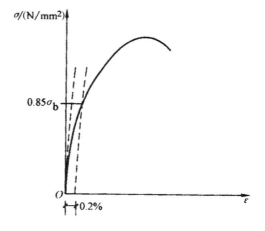

图 1-4　硬钢的应力—应变图

◆**塑性变形**

通过钢材受拉时的应力—应变图，可对其延性（塑性变形）性能进行分析。钢筋的延性必须满足一定的要求，才能防止钢筋在加工时弯曲处出现毛刺、裂纹、翘曲现象及构件在受荷过程中可能出现的脆裂破坏。

影响延性的主要因素是钢筋材质。热轧低碳钢筋强度虽低但延性好。随着加入合金元素和碳当量加大，强度提高但延性减小。对钢筋进行热处理和冷加工同样可提高强度，但延性降低。

钢筋的延性通常用拉伸试验测得的断后伸长率和截面收缩率表示。

1）断后伸长率用 A 表示，它的计算公式为

$$A=\frac{\text{标距长度内总伸长值}}{\text{标距长度 } l}\times100\% \tag{1-1}$$

由于试件标距的长度不同，故断后伸长率的表示方法也不一样。一般热轧钢筋的标距取 10 倍钢筋直径长和 5 倍钢筋直径长，其断后伸长率用 A_{10} 和 A_5 表示。钢丝的标距取 100 倍直径长，则用 A_{100} 表示。钢绞线标距取 200 倍直径长，则用 A_{200} 来表示。

断后伸长率是衡量钢筋（钢丝）塑性性能的重要指标，断后伸长率越大，钢筋的塑性越好。

2）断面收缩率其计算公式为

$$\text{断面收缩率}=\frac{\text{试件原始横截面面积}-\text{试件拉断后断口颈缩处横截面面积}}{\text{试件原始横截面面积}}\times100\% \tag{1-2}$$

◆**冲击韧度**

冲击韧度是指钢材抵抗冲击荷载的能力。其指标是通过标准试件的弯曲冲击韧度试验确定的。试验以摆锤打击刻槽的试件，于刻槽处将其打断，以试件单位截面面积上打断时所消耗的功作为钢材的冲击韧度值。

其计算公式为

$$冲击韧度值 = \frac{冲断试件所消耗的功}{试件断口处的横截面面积} \qquad (1-3)$$

钢材的冲击韧度是衡量钢材质量的一项指标，冲击韧度越大，表明钢材的冲击韧度越好。

◆**耐疲劳性**

构件在交变荷载的反复作用下，钢筋往往在应力远小于抗拉强度时，发生突然的脆性断裂，这种现象叫作疲劳破坏。

疲劳破坏的危险应力用疲劳极限（σ_r）来表示。它是指疲劳试验中，试件在交变荷载的反复作用下，在规定的周期基数内不发生断裂所能承受的最大应力。钢筋的疲劳极限与其抗拉强度有关，一般抗拉强度高，其疲劳极限也较高。由于疲劳裂纹是在应力集中处形成和发展的，故钢筋的疲劳极限不仅与其内部组织有关，也和其表面质量有关。

测定钢筋的疲劳极限时，应当根据结构使用条件确定所采用的应力循环类型、应力比值（最小与最大应力之比）和循环基数。通常采用的是承受大小改变的拉应力大循环，非预应力筋的应力比值通常为 0.1～0.8，预应力筋的应力比值通常为 0.7～0.85；循环基数一般为 200 万次或 400 万次以上。

◆**冷弯性能**

冷弯性能是指钢筋在常温（20 ± 3）℃条件下承受弯曲变形的能力。钢筋冷弯是考核钢筋的塑性指标，也是钢筋加工所需的。钢筋弯折、做弯钩时应避免钢筋产生裂纹和折断。低强度的热轧钢筋冷弯性能较好，强度较高的稍差，冷加工钢筋的冷弯性能最差。

冷弯性能指标通过冷弯试验确定，常用弯曲角度（a）以及弯心直径（d）对试件的厚度或直径（a）的比值来表示。弯曲角度越大，弯心直径对试件厚度或直径的比值越小，表明钢筋的冷弯性能越好，如图 1-5 所示。

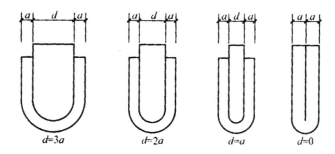

图 1-5　钢筋冷弯示意图

按规定的弯曲角度和弯心直径进行试验，试件的弯曲处不产生毛刺、裂纹、裂断和起层，即认为冷弯性能合格。

◆**焊接性能**

在建筑工程中，钢筋骨架、接头、预埋件连接等，大多数是采用焊接的，因此要求钢筋应具有良好的可焊性。

钢材的可焊性是指被焊钢材在采用一定焊接材料、焊接工艺条件下，获得优质焊接接头的难易程度，也就是钢材对焊接加工的适应性。它包括以下两个方面：

1. 工艺焊接性

工艺焊接性也就是接合性能，指在一定焊段工艺条件下焊接接头中出现各种裂纹及其他工艺缺陷的敏感性和可能性，这种敏感性和可能性越大，则其工艺焊接性越差。

2. 使用焊接性

指在一定焊接条件下焊接接头使用要求的适应性，这种适应性和使用可靠性越大，则其使用焊接性越好。

钢筋的化学成分对钢筋的焊接性能和其他性能有很大的影响。

碳（C）：钢筋中含碳量的多少，对钢筋的性能有决定性的影响。含碳量增加时，强度和硬度提高，但塑性和韧性降低；焊接和冷弯性能也降低；钢的冷脆性提高。

硅（Si）：在含量小于 1％时，可显著提高钢的抗拉强度、硬度、抗蚀性能、提高湿氧化能力。但含量过高，则会降低钢的塑性和韧性及焊接性能。

锰（Mn）：能显著地提高钢的屈服点和抗拉强度，改善钢的热加工性能，故锰的含量不应低于标准规定。它是生产低合金钢的主要元素。

磷（P）：磷是钢材的有害元素，显著地降低了钢的塑性、韧性和焊接性能。

硫（S）：硫也是钢材的有害元素，能显著降低钢的焊接性能、力学性能、抗蚀性能和疲劳强度，使钢变脆。

钢材的可焊性常用碳当量法来估计。碳当量法就是根据钢材的化学成分与焊接热影响区淬硬性的关系，粗略地评价焊接时产生冷裂纹的倾向和脆化倾向的一种估算方法。

碳素钢和低合金结构钢常用的碳当量 C_{eq} 计算公式为：

$$C_{eq}=C+\frac{Mn}{6}+\frac{Cr+Mo+V}{5}+\frac{Ni+Cu}{15}(\%) \tag{1-4}$$

式中右边各项中的元素符号表示钢材化学成分中的元素含量（％）。

C—碳；Mn—锰；Cr—铬；Cu—铜；Mo—钼；V—钒；Ni—镍。

焊接性能随碳当量百分比的增高而降低。国家标准规定不大于 0.55％时，认为是可焊的。根据我国经验，碳素钢和低合金结构钢，当碳当量 $C_{eq}<0.4$％时，焊接性能优良；当碳当量 $C_{eq}=0.4$％～0.55％时，焊接时需预热和控制焊接工艺；当碳当量 $C_{eq}>0.55$％时，难焊。

1.4　钢筋的检验

常遇问题

1. 不同种类的钢筋检验方法有哪些不同？

2. 试述冷拉钢筋、冷轧扭钢筋以及冷轧带肋钢筋检验的区别。

【要点】

钢筋应有出厂质量证明书或试验报告单，每捆（盘）钢筋均应有标牌。进场时应按炉罐（批）号及直径分批验收。验收内容包括查对标牌、外观检查，并按有关标准的规定取试样力学性能试验，合格后方可使用。

钢筋在加工过程中发现脆断、焊接性能不良或力学性能显著不正常等现象时，应进行化学成分检验或其他专项检验。

◆热轧钢筋的检验

热轧钢筋进场时，应按批进行检查和验收。每批由同一牌号、同一炉罐号、同一规格的钢筋组成，重量不大于 60t。允许由同一牌号、同一冶炼方法、同一浇注方法的不同炉罐号组成混合批，但各炉罐号含碳量之差不得大于 0.02%，含锰量之差不大于 0.15%。

1. 外观检查

从每批钢筋中抽取 5% 进行外观检查。钢筋表面不得有裂纹、结疤和折叠。钢筋表面允许有凸块，但不得超过横肋的高度，钢筋表面上其他缺陷的深度和高度不得大于所在部位尺寸的允许偏差。

2. 力学性能试验

从每批钢筋中任选两根钢筋，每根取两个试件分别进行拉伸试验（包括屈服点、抗拉强度和断后伸长率）和冷弯试验。如有一项试验结果不符合要求，则从同一批中另取双倍数量的试件重做各项试验。如仍有一个试件不合格，则该批钢筋为不合格品。

◆余热处理钢筋的检验

余热处理钢筋应成批验收。每批由同一外形截面尺寸、同一热处理制度和同一炉罐号的钢筋组成。每批重量不大于 60t。公称容量不大于 30t 炼钢炉冶炼的钢轧成的钢材，允许不同的钢号组成混合批，但每批中不得多于 10 个炉号。各炉号间钢的含碳量差不大于 0.02%，含锰量差不得大于 0.15%，含硅量差不得大于 0.20%。

1. 外观检查

从每批钢筋中选取 10% 盘数（不少于 25 盘）进行表面质量与尺寸偏差检查。钢筋表面不得有裂纹、结疤和折叠，钢筋表面允许有局部凸块，但不得超过螺纹的高度。如检查不合格，则应将该批钢筋进行逐盘检查。

2. 力学性能试验

从每批钢筋中选取 10% 盘数（不少于 25 盘）进行拉力试验（包括屈服强度、抗拉强度和伸长率）和冷弯试验。如有一项指标不合格，则该不合格盘报废。再从未试验过的钢筋中取双倍数量的试样进行复验，如仍有一项指标不合格，则该批为不合格品。

◆冷拉钢筋的检验

冷拉钢筋应分批验收，每批由不大于 20t 的同级别同直径的冷拉钢筋组成。

1. 外观检查

从每批中抽取 5%（但不少于 5 盘或 5 捆）进行表面质量、尺寸偏差和重量偏差的检查。钢筋表面不得有裂纹和局部缩颈。其中有一盘（捆）不合格，则应将该批钢筋进行逐盘检查。作预应力筋时，应逐根检查。

2. 力学性能试验

从每批冷拉钢筋中抽取两根钢筋，每根取两个试样分别进行拉力和冷弯试验，如有一项试验结果不符合要求时，应另取双倍数量的试样重做各项试验；如仍有一个试样不合格，则该批冷拉钢筋为不合格品。

◆**冷轧扭钢筋的检验**

1）冷轧扭钢筋的成品规格及检验方法。应符合现行行业标准《冷轧扭钢筋》（JG 190—2006）的规定。

2）冷轧扭钢筋成品应有出厂合格证书或试验合格报告单。进入现场时应分批分规格捆扎，用垫木架空码放，并应采取防雨措施。每捆均应挂标牌，注明钢筋的规格、数量、生产日期、生产厂家，并应对标牌进行核实，分批验收。

3）冷轧扭钢筋进场后应分批进行复检，检验批应由同一型号、同一强度等级、同一规格、同一台（套）轧机生产的钢筋组成。每批应不大于 20t，不足 20t 应按一批计。

4）冷轧扭钢筋成品复检的项目，取样数量应符合表 1-15 的规定。

表 1-15　　　　　　　　　　　检验项目、取样数量

序　号	检　验　项　目	取　样　数　量	备　注
1	外观质量	逐根	
2	截面控制尺寸	每批三根	
3	节距	每批三根	—
4	定尺长度	每批三根	
5	重量	每批三根	
6	拉伸试验	每批二根	可采用前 5 项检验合格的
7	弯曲试验	每批一根	相同试样

5）冷轧扭钢筋成品加工质量的复检，其测试方法应符合现行行业标准《冷轧扭钢筋》（JG 190—2006）的规定，其截面参数和外形尺寸应符合本规程的相关规定，并应符合下列规定：

①外观质量：钢筋表面不应有裂纹、折叠、结疤、压痕、机械损伤或其他影响使用的缺陷，采用逐根目测。

②截面控制尺寸：Ⅰ型、Ⅱ型冷轧扭钢筋截面尺寸的测量，用精度为 0.02mm 的游标卡尺在试样两端量取，并取其算术平均值，Ⅲ型钢筋内、外圆直径的测量用带滑尺的精度为 0.02mm 游标卡尺，量测试样三个不同位置取其算术平均值。

③节距的量测用精度为 1.0mm 直尺量取不少于 3 个整节距长度，取其平均值。

④冷轧扭钢筋定尺长度用精度为 1.0mm 钢尺量测，其允许偏差为：单根长度大于 8m 时为 ±15mm；单根长度小于或等于 8m 时为 ±10mm。

⑤冷轧扭钢筋的重量测量用精度为 1.0g 台秤称重，用精度为 1.0mm 钢尺测量其长度。然后计算其重量。计算时钢的密度采用 7850kg/m³，试样长度不应小于 400mm。重量偏差应按下式计算：

$$\Delta G = \frac{G' - LG}{LG} \tag{1-5}$$

式中　ΔG——重量偏差，单位为百分比（％）；

G'——实测试样重量，单位为千克（kg）；

G——冷轧扭钢筋的公称质量（线密度），单位为千克每米（kg/m）；

L——实测试样长度，单位为米（m）。

◆冷轧带肋钢筋的检验

冷轧带肋钢筋应按批进行检查和验收。每批由同一钢号、同一规格、和同一级别的钢筋组成，每批不大于50t。

1. 外观检查

每批钢筋应有出厂合格证明书，每盘或捆均应有标牌。每批抽取5%（但不少于5盘或5捆）进行外形尺寸、表面质量和重量偏差的检查。检查结果应符合表1-9和表1-10的规定，如其中有一盘或一捆不合格，则应对该批钢筋逐盘或逐捆进行检查。

2. 力学性能检验

钢筋的力学性能和工艺性能应逐盘、逐捆进行检验。从每盘或每捆任一端截去500mm以后取两个试样，一个做抗拉强度和伸长率试验，另一个做冷弯试验。检查结果如有一项指标不符合表1-8的规定，则判该盘钢筋不合格。

对成捆供应的550级钢筋应逐捆检验，从每捆中同一根钢筋上截取两个试样，一个做抗拉强度和断后伸长率试验，另一个做冷弯试验。检查结果如有一项指标不符合表1-8的规定，应从该捆钢筋中取双倍数量的试件进行复验，复验结果仍有一个试样不合格，则判该批钢筋不合格。

◆有抗震要求的受力钢筋检验

对有抗震要求的框架结构纵向受力钢筋，其检验所得的强度实测值，应符合下列要求：

1）钢筋的抗拉强度实测值与屈服强度实测值比值不应小于1.25。

2）钢筋的屈服强度实测值与钢筋的强度标准值的比值不应大于1.3。

3）发现脆断、焊接性能不良或力学性能显著不正常等现象时，应对该批钢筋进行化学成分检验或其他专项检验。

1.5 钢筋进场复验与保管

常遇问题

1. 为什么要进行进场钢筋复验，应该如何复验？

2. 钢筋的保管应该注意哪些问题？

【要点】

◆进场钢筋的复验

1. 检验数量与方法

1）检验数量。按进场的批次和产品的抽样检验方案确定，每批质量不大于60t。

2）检验方法。检查产品合格证、出厂检验报告和进场复验报告。

2. 钢筋复验项目

（1）热轧带肋钢筋复验项目

热轧带肋钢筋力学性能复验项目见表 1-16。

表 1-16　　　　　　　　热轧带肋钢筋力学性能复验项目

序　号	检 验 项 目	取 样 数 量	取 样 方 法
1	力学	2	任选两根钢筋切取
2	弯曲	2	任选两根钢筋切取
3	反向弯曲	1	——

1）拉伸、弯曲、反向弯曲试验试样不允许进行切削加工。

2）根据需方要求，钢筋可进行反向弯曲性能试验，其弯心直径比弯曲试验时相应增加一个钢筋直径。先正弯 45°，后反向弯曲 23°。经反向弯曲试验后，钢筋受弯曲部位表面不得产生裂纹。

（2）热轧光圆钢筋、余热处理钢筋复验项目

热轧光圆钢筋和余热处理钢筋复验项目见表 1-17。

表 1-17　　　　　热轧光圆钢筋、余热处理钢筋力学性能复验项目

序　号	检 验 项 目	取 样 数 量	取 样 方 法
1	拉伸	2	任选两根钢筋切取
2	冷弯	2	任选两根钢筋切取

（3）低碳钢热轧圆盘条复验项目

低碳钢热轧圆盘条复验项目见表 1-18。

表 1-18　　　　　　　低碳钢热轧圆盘条力学性能复验项目

序　号	检 验 项 目	取 样 数 量	取 样 方 法
1	拉伸试验	1	——
2	冷弯试验	2	不同根

◆ 钢筋的保管

钢筋运到使用地点后，必须妥善保存和加强管理，否则会造成极大的浪费和损失。钢筋入库时，材料管理人员要详细检查和验收。在分捆发料时，一定要防止钢筋窜捆。分捆后应随时复制标牌并及时捆扎牢固，以避免使用时错用。

钢筋在贮存时应做好保管工作，并注意以下几点：

1）钢筋入库要点数验收，要对钢筋的规格等级、强度等级代号进行检验。

2）钢筋应尽量堆入仓库或料棚内，当条件不具备时，应选择地势较高、土质坚实、较为平坦的露天场地堆放。在仓库、料棚或场地四周，应有一定排水坡度，或挖掘排水沟，以利泄水。钢筋堆下应有垫木，使钢筋离地不小于 200mm，也可用钢筋存放架存放。

3）钢筋应按不同等级、牌号、炉号、规格、长度分别挂牌堆放，并标明其数量。凡储存的钢筋均应附有出厂证明和试验报告单。

4）钢筋不得和酸、盐、油等类物品存放在一起。堆放地点不应和产生有害气体的车间靠近，以防腐蚀钢筋。

1.6　钢筋加工设备

【要点】

◆钢筋矫直切断机

钢筋盘条在使用前，需要矫直切断，国内有众多厂家生产了各种型号的钢筋矫直切断机。

1. 显前牌 CTS 系列新Ⅲ级钢筋数控开卷矫直切断机

（1）优点

该机具有高效率、低能耗、无连切、操作简单、维护方便、结构紧凑、机电一体化等特点，主要技术参数详见表 1-19。

表 1-19　　　　CTS 系列新Ⅲ级钢筋数控开卷矫直切断机主要技术参数

钢筋直径	矫直速度	定尺长度	定长精度	平直度	纵筋无扭转	整机动率	整机质量	外形尺寸：长×宽×高
$\phi6\sim\phi14$	20～60 m/min	600～9000mm（可增至 15m）	±2mm	2mm/m	肋无损伤	7.5kW	3860kg	13000mm×760mm×1460mm

（2）安装、调式、操作

1）主机和托线架为同一水平面混凝土基础，其厚度宜在 150mm 上，主机调整为最佳位置后，用地脚螺栓固紧。

2）安装托线架时，按顺序安装好，与主机衔接后，并校好中心和水平，使托线平面与矫直中心、刀孔中心、导线筒中心位低于 19mm，再锁紧托线部位的锁紧螺钉和螺母。

3）将定尺拉杆置于托线架上方的导套内，分三段或几段都用全螺纹螺栓连接，之后再与主机刀头连接好，并固好锁紧螺母。定尺挡板为任意可装位置（即按所需任意尺寸）；但必须保持挡板可来回拉动 40mm 无阻挡，否则，将托线架内同套拆除。尺寸变化时，将拆除的套及时安装上和移动导套位置，并保持前、后相邻导套安装在最近位置。

4）将曲轴油杯注满 20～40 号机油，随时保持油杯有油，绝不允许使用废机油。

5）电路为三相四线，按空气开关（即总开关）指示零线和相线位置接好（N 字样为零线接处），进出线一致即可。合上总闸，此时计数器上数字为零，电压表上显示电压达 380V 左右（±10V），如显示数字不正常，立即查明原因，使之正常。之后，手动进料按钮，送料底轮为顺时针方向为正常，否则，对调任意相线位即可。

6）根据矫直钢筋直径大小，更换送料轮。

7）根据矫直钢筋直径大小，调节好横向轮位置，被调出的钢筋纵肋不扭转，纵横肋只许轻微去表面氧化皮为宜。

8）根据矫直钢筋直径大小，对号调节好精直筒内轮位、角度等，被调直出的成品既直且不损坏外表为宜。

9）根据矫直钢筋直径大小，$\phi6\sim\phi9$ 为高速，$\phi10\sim\phi14$ 为低速。

10）当一盘（圈）钢筋将调完时，压紧定转轮螺栓，直到料全出旋转筒。此时，打开托料方杆，用手将料拉出，即可再工作。

2. LG4-12 及 LG10-20 型自动校直切断机

该调直机适用于预制厂及建筑工地对 $\phi4\sim\phi12$ 光圆钢筋和 $\phi4\sim\phi10$HRB400 钢筋的调直切断。该机具有对钢筋表而基本无划伤、强度无损失、直线度好、操作简便、调节方便、落料简便、生产效率高等特点。主要技术参数详见表 1-20。

表 1-20　　　　　　　　　　自动校直切断机主要技术参数

切断长度	调直速度	直线度	外形尺寸：长×宽×高
1500～15000mm	≤3mm/m	35m/min	8600mm×680mm×1400mm

LG10-20 型自动校直切断机，适用于 $\phi10\sim\phi20$ 光圆钢筋或 $\phi10\sim\phi16$ 热轧带肋钢筋。

3. TF-YLGT5/12B 型液压螺纹钢调直切断机

杭州腾飞拉丝机厂生产钢筋液压调直切断机有多种型号：TF-YLGT5/12-A 型；TF-YGJ4/14-A 型；TF-YLGT5/12-B 型；TF-YLGT4/14-B 型；TF-YGT6/12 型。

以 TF-YLGT5/12-B 型为例，该机适用于水泥预制构件厂、冷轧带肋钢筋生产厂、水泥制品厂、建筑施工单位等，供直径 5～12mm 钢筋调直切断使用。该机能自动计数、计米，断面光滑，基本无划伤，具有强度损失小、直线度好、操作简便、调节方便之优点。

该机主要技术参数见表 1-21。

表 1-21　　　　　　　TF-YLGT5/12-B 型调直切断机技术参数

调直切断圆钢筋直径	调直切断螺纹钢筋直径	切断长度误差	调直线速度
$\phi5\sim\phi12$mm	$\phi5\sim\phi10$mm	±5mm	45m/min
电机型号	剪切最短长度	外形尺寸	重量
7.5kW～4P	260mm	1750mm×550mm×1350mm	1000kg

4. GJC 系列钢筋定长剪切机

该系列剪切机采用液压随动式剪切方法，定长精度高，应用范围广，其中 GJC-W 型剪切机能对冷轧带肋钢筋调直、定长切断，不伤肋。调直机操作简便，压紧采用凸轮式手柄，送料辊依据加工钢筋直径不同，以轴向方便地调整。GJC-Ⅱ型、Ⅲ型、Ⅳ型采用调直模调直钢筋，分别适用不同规格的冷拔或高强钢筋。

GJC 系列定长剪切机采用液压传动，由单片计算机控制电磁阀动作，完成自动调直、定长切断钢筋。设备具有计数功能，显示下列根数，自动停车。

1）定长下料范围为 1.9～12.2m，最长可加到 16m。

2）下料长度误差≤1mm。

3）调直切断速度 GJC-Ⅱ、Ⅲ、Ⅳ型为 30m/min；GJC-W 型为 38m/min。

5. 全自动钢筋调直液压切断数控机

全自动钢筋调直液压切断数控机有 4 种型号，见表 1-22。

表 1 - 22　　　　　　　　全自动钢筋液压调直切断数控机主要技术参数

技术参数 型号	GT5 - 10 - A	GT5 - 12 - A	GT5 - 12 - B	GT5 - 14 - A
整机重量	200kg	250kg	280kg	380kg
适用线径	圆钢 φ5～φ10mm 二级螺纹钢 φ6～φ8mm	圆钢 φ5～φ12mm 三级螺纹钢 φ6～φ10mm	圆钢 φ5～φ12mm 三级螺纹钢 φ6～φ10mm	圆钢 φ5～φ14mm 三级螺纹钢 φ6～φ12mm
最大定尺长度	100m	100m	100m	100m
调直速度	40m/min	40m/min	40m/min	40m/min
功率	4kW	4kW	5.5kW	7.5kW
主轴转速	680r/min	680r/min	680r/min	680r/min
外形尺寸	136cm×53cm× 106cm	140cm×62cm× 115cm	140cm×62cm× 115cm	160cm×72cm× 125cm

（1）切断方式

采用液压随动切断，电脑数据处理，质量稳定，解决了普通调直切断机过程中钢筋无法输送引起的弯头、调直轮刷伤钢筋、钢筋发生缠绕、连切碎料头、定长精度差等的弊端。

（2）优点

1）操作简单，效率高。

2）采用电脑芯片集中控制，自动调直、自定尺寸、自动切断。

3）自动储存批次，同时输入长度和数量。

4）误差小，可精确到毫米。

◆ **钢筋切断机**

钢筋切断机是钢筋直条在施工中最常用的加工设备之一，国内有多家工厂生产。本书主要介绍 GQ 系列钢筋切断机。

GQ40-1 型为开启式切断机（图 1-6），齿轮用钢丝网保护，每分钟切断 32 次；GQ40-3 型、GQ40-4 型为封闭型（图 1-7），技术参数见表 1-23。半封闭半开启式结构 GQ10-5 型钢筋切断机和 GQ55 型切断机，技术参数见表 1-24。

图 1-6　GQ40-1 型钢筋切断机

图 1-7　GQ40-3 型、GQ40-4 型钢筋切断机

表 1-23　　　　　　　　　　　　GQ 系列钢筋切断机技术参数

型号	切断钢筋直径/mm	切断次数/(次/min)	电动机型号	功率/kW	外形尺寸/mm	整机质量/kg
GQ60	6～60	25	Y132M-4	7.5	1930×880×1067	1200
GQ55	6～55	35	Y132S1-2	5.5	1493×613×823	950
GQ50	6～50	40	Y112M-2	4	1280×580×615	705
GQ40-1	6～40	32	Y112M-4	4	1485×324×740	670
GQ40-3	6～40	28	Y90L-2	2.2	1142×324×661	470
GQ40-4	6～40	33	Y90L-2	2.2	1142×324×661	475

表 1-24　　　　　　　　　　　　GQ40-5 型钢筋切断机技术参数

序号	项　目		技术参数
1	切断钢筋直径/mm	HPB300 钢筋	6～40
		HRB335 钢筋	6～32
2	动刀片每分钟往反次数		33
3	电动机	型号	Y90L-2
		功率/kW	2.2kW
		电压/V	380V
		转速/(r/min)	2840
4	动刀行程/mm		34
5	整机质量/kg		490
6	外形尺寸	长/mm	1142
		宽/mm	480
		高/mm	661

1. 使用前的准备工作

1) 旋开机器前部的吊环螺栓，向机内加入 20 号机械油约 5kg，使油达到油标上线即可，加完油后，拧紧吊环螺栓。

2) 用手转动皮带轮，检查各部运动是否正常。

3) 检查刀具安装是否正确牢固，两刀片侧隙是否在 0.1～0.5mm 范围内，必要时可在固定刀片侧面加垫（0.5mm、1mm 钢板）调整。

4) 紧固各松动的螺栓，紧固防护罩，清理机器上和工作场地周围的障碍物。

5) 电器线路应完好无损、安全接地。接线时，应使飞轮转动方向与外罩箭头方向一致。

6) 给针阀式油杯内加足 20 号机械油，调整好滴油次数，使其每分钟滴 8～10 次，并检查油滴是否准确地滴入 M7 齿圈和离合器体的结合面凹槽处，空运转前滴油时间不得少于 5min。

7) 空运转 10min，踩踏离合器 3～5 次，检查机器运转是否正常。如有异常现象应立即停机，检查原因，排除故障。

2. 使用时注意事项

1) 机器运转时，禁止进行任何清理及修理工作。

2) 机器运转时，禁止取下防护罩，以免发生事故。

3）钢筋必须在刀片的中下部切断，以延长机器的使用寿命。

4）钢筋只能用锋利的刀具切断，如果产生崩刃或刀口磨钝时，应及时更换或修磨刀片。

5）机器启动后，应在运转正常后开始切料。

6）机器工作时，应避免在满负荷下连续工作，以防电动机过热。

7）切断多根钢筋时，须将钢筋上下整齐排放，如图1-8所示，使每根钢筋均达到两刀片同时切料，以免刀片崩刃、钢筋弯头等。

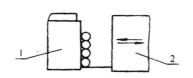

图1-8　多根钢筋切断

1—固定刀片；2—活动刀片

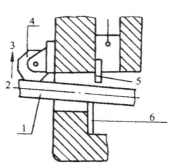

图1-9　钢筋切断

1—钢筋；2—前；3—后；4—挡料块；
5—活动刀片；6—固定刀片

图1-10　钢筋弯曲机

8）切断钢筋时，应按图1-9要求，使钢筋紧贴挡料块及固定刀片。切粗料时，转动挡料块，使支承面后移，反之则前移，以达到切料正常。

◆ **钢筋弯曲机**

钢筋弯曲机亦是建筑施工中常用机械之一，国内有多家工厂生产。陕西渭通农科股份有限公司黑虎建筑机械公司生产多种型号钢筋弯曲机，外形如图1-10所示，CW40A、GW50钢筋弯曲机主要技术参数，见表1-25。

表1-25　　　　　　　　　　CW系列钢筋弯曲机主要技术参数

型号 技术参数	GW40A	GW50
弯曲钢筋直径/mm	$\phi6\sim\phi40$	$\phi6\sim\phi50$
工作盘直径/mm	350	425
工作盘转速/（r/min）	510	3.313
电动机型号	$Y100L_2-4$	$T112M-4$
功率/kW	3	4
外形尺寸/mm	870×760×710	970×770×710
整机质量/kg	380	400

1. GW50型钢筋弯曲机

GW50型钢筋弯曲机结构紧凑，操作安全，维修保养方便。当工作圆盘转速为3.3r/min时，

弯曲钢筋直径为：HPB300 钢筋，为 6～50mm；HRB335 钢筋，为 6～40mm。工作圆盘转速为
13r/min 时，弯曲钢筋直径为：HPB300 钢筋，为 6～36mm；HRB335 钢筋，为 6～24mm。

2. 弯曲钢筋形状

弯曲钢筋形状，如图 1-11 所示。电动机型号
为 Y112M-4，功率为 4kW，转速为 1440r/min，
电压 380V，整机质量为 400kg。

该机由传动机构、机架、工作台面及附件等部
分组成。电动机经一级三角皮带传动，两级正齿轮
传动及一级蜗轮蜗杆传动，带动工作圆盘转动，利
用附件来弯曲钢筋。更换齿轮，可得到两种不同的
工作圆盘转速。

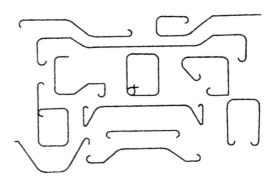

3. 附件选用

1）弯曲 φ8～φ20 的 HPB300 钢筋、弯曲 φ6～
φ20 的 HPB300 钢筋时，附件的选用，如图 1-12 所示。

图 1-11　常见钢筋弯曲形状

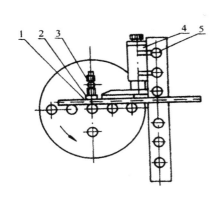

图 1-12　弯曲钢筋时附件选用图一
1—中心柱；2—钢筋；3—钢筋卡子的总成；
4—可变档钢筋架总成；5—柱体

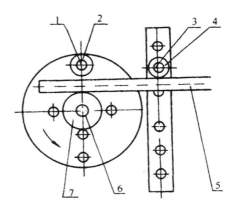

图 1-13　弯曲钢筋时附件选用图二
1、3—柱体；2、4、7—柱套；
5—钢筋；6—中心柱

2）弯曲 φ22～φ20 的 HRB335 螺纹钢筋时，附件的选用，如图 1-13 所示。

4. 机器使用及注意事项

1）使用前的准备工作。根据钢筋牌号、规格，按照产品使用说明书中规定，选用合适的中
心柱和柱套。

2）机内加油。包括蜗轮箱内加油，上套加油。

3）空运转试验。正反转空运转 10min，观察有无异常现象。

4）弯曲钢筋较长，根数较多时，应做承料架。承料架上平面应与插入座上平面齐平。

5）弯曲钢筋时，应选试弯钢筋。在工作台面上或承料架上定好尺寸后，再弯所需钢筋。

6）弯曲钢筋时，钢筋应于工作圆盘上平面平行放置，不得倾斜，以免钢筋滑出伤人或损坏
附件。

7）通过手动控制倒顺开关实现工作圆盘的正转与反转。弯曲钢筋时，手不得离开开关手

柄，以免失控，损坏机器。

8）工作圆盘上有许多孔。弯曲钢筋时应注意经常改变柱体、柱套在工作圆盘上的安装位置，以延长蜗轮、蜗杆的使用寿命。

9）严禁缺油运转。以免上套烧坏，蜗轮磨损。

10）严禁超负荷使用整机及附件。

11）严禁电动机缺相转动。

12）应有专人负责管理及维修，并注意经常调整三角带的松紧，检查轴承、电动机的发热情况。

13）每班作业结束后，应彻底清扫工作台面上、工作圆盘上、插入座及各孔中的氧化皮等杂物，保持机器清洁。

14）机器连续使用时，每年大修一次。

◆砂轮片切割机

在钢筋连接施工中，为了获得平整的钢筋端面，经常采用砂轮片切割机，不同工厂生产的切割机，其型号也不一样，但基本原理和主要构造相同。

J3G-400 切割机主轴采用高精度密封润滑轴承，利用高速旋转纤维增强砂轮片切割钢筋（型钢），电源开关直接安装在操作手柄上，操作简单可靠，切割速度快。创强 1 号功率为 2.2kW，2 号为 3.0kW（图 1-14），3 号为单相 3.0kW。

1. 操作要求

1）操作前详细检查各部件及防护装置是否紧固完好。

2）操作人员必须衣着合适，手戴橡皮手套、脚穿防滑绝缘鞋、戴好护目镜、安全帽等防护设施。

3）安装砂轮片之前，先试砂轮轴旋转方向是否同防护罩指示相同。

图 1-14　创强 2 号切割机

4）当钢筋切割时，切割片应与钢筋轴线相垂直。把握机器要平衡，用力均匀，掌握好切割速度。

5）应采用优质砂轮片。严禁使用有损伤破裂、过期受潮、无生产可许证和安装线速度达不到 70m/s 的砂轮片。更换砂轮片或调整切割机角度时，要先切断电源。使用切割机时必须有良好接地。切割材料（钢筋）必须在夹板内夹紧，操作人员不准站在砂轮片正对的位置。使用时，要用力均匀，不能用力过猛。当速度明显降低时，应适当减少用力。切割机在使用中，发现电动机有异常声音、发热或有异常气味时，应立即停机检查，排除故障后方可使用。

2. 主要技术参数

J3G-400 切割机主要技术参数，详见表 1-26。

表 1-26　　　　　　　　　　　　J3G-400 切割机主要技术参数

功率	切割角度	电压	最大钳距	空载转速	切 割 能 力		频率	砂轮片规格
2.2kW/3.0kW	0～45°	380V/220V	150mm	2800 r/min	钢管	$\phi150mm×3mm$	50Hz	$\phi400×3×\phi32$
					圆钢（钢筋）	$\phi50mm$		
					角钢	$100mm×10mm$		

◆角向磨光机

在钢筋连接施工中，为了磨平钢筋坡口面，或者磨去连接套筒边角毛刺时，需要采用角向磨光机。DA－100A角向磨光机的构造简图，如图1－15所示。

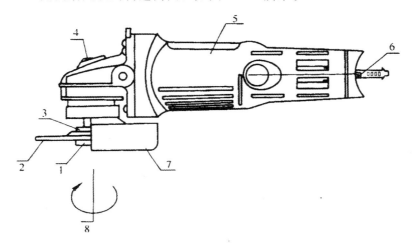

图1－15　DA－100A角向磨光机构造简图

1—砂轮压板；2—砂轮片；3—砂轮托；4—止动锁；5—机壳；

6—电源开关；7—砂轮罩；8—旋转方向

1. 电源及工具安全守则

1）保持工作场地及工作台清洁，否则会引起事故。

2）不要使电源或工具受雨淋，不要在潮湿的场合工作，要确保工作场地有良好的照明。

3）勿使小孩靠近，禁止闲人进入工作场地。

4）工具使用完毕，应放在干燥的高处以免被小孩拿到。

5）不要使工具超负荷运转，必须在适当的转速下使用工具，确保安全操作。

6）要选择合适的工具，勿将小工具用于需用大工具加工之工件上。

7）穿专用工作服，勿使任何物件掉进工具运转部位；在室外作业时，穿戴橡胶手套及胶鞋。

8）始终配戴安全眼镜，切削屑尘多时应戴口罩。

9）不要滥用导线，勿拖着导线移动工具。勿用力拉导线来切断电源；应使导线远离高温、油及尖端的东西。

10）操作时，勿用手拿着工件，工件应用夹子或台钳固定住。

11）操作时要脚步站稳，并保持身体平衡。

12）工具应妥善保养，只有经常保持锋利、清洁才能发挥其性能；应按规定加注润滑剂及更换附件。

13）更换附件、砂轮片、砂纸片时必须切断电源。

14）开动前必须把调整用键和扳子等拆除下来。为了安全必须养成习惯，并严格遵守。

15）谨防误开动。插头一旦插进电源插座，手指就不可随意接触电源开关。插头插进电源插座之前，应检查开关是否已关上。

16）不要在可燃液体、可燃气体存放之处使用此工具，以防开关或操作时所产生之火花引起火灾。

17）室外操作时，必须使用专用的延伸电缆。

2．其他重要的安全守则

1）确认电源：电源电压应与铭牌上所标明的一致，在工具接通电源之前，开关应放在"关"（OFF）的位置上。

2）在工具不使用时，应把电源插头从插座上拔下。

3）应保持电动机的通风孔畅通及清洁。

4）要经常检查工具的保护盖内部是否有裂痕或污垢，以免由此而使工具的绝缘性能降低。

5）不要莽撞地操作工具。撞击会导致其外壳的变形、断裂或破损。

6）手上有水时勿使用工具。勿在潮湿的地方或雨中使用，以防漏电。如必须在潮湿的环境中使用，请戴上长橡胶手套和穿上防电胶鞋。

7）要经常使用砂轮保护器。

8）应使用人造树脂凝结的砂轮，研磨时应使用砂轮的适当部位，并确保砂轮没有缺口或断裂。

9）要远离易燃物或危险品，避免研磨时的火花引起火灾，同时注意勿让人体接触火花。

10）必须使用铭牌所示圆周速度为 4300m/min 以上规格的砂轮。

3．技术参数

角向磨光机技术参数见表 1 - 27。

表 1 - 27　　　　　　　　　　　　　　角向磨光机技术参数

砂轮规格/mm	100(4″)	砂轮规格/mm	100(4″)
型号	DA - 100A	无负载转速/(min⁻¹)	11000
电源	单向交流 200V、50～60Hz	砂轮	A36＝人造树脂砂轮
输入功率	680W	质量/kg	1.6

4．砂轮的安装方法

1）关闭电源开关，把电源插头从插座上拔下。

2）将砂轮机以主轴朝上的位置放置，把砂轮托板的直径 16mm 侧向上拧到主轴上并用扳子拧紧固定。

3）将砂轮凸面向下穿进主轴。

4）把砂轮压板螺母的凹面向下拧到主轴上。

5）按下止动锁固定住主轴，然后用扳子牢固地拧紧砂轮压板。

6）安装好砂轮后，在无人处进行 3min 以上的试运转，以确认砂轮是否有异常。

第 2 章

钢筋焊接与绑扎搭接

2.1　钢筋电阻点焊

【连接方法】

◆电阻点焊的特点

混凝土结构中的钢筋焊接骨架和焊接网，宜采用电阻点焊制作。

在钢筋骨架和钢筋网中，以电阻点焊代替绑扎，也可以提高劳动生产率，提高骨架和网的刚度，也可以提高钢筋（丝）的设计计算强度，因此宜积极推广应用。

◆电阻点焊的适用范围

电阻点焊适用于 $\phi 8 \sim \phi 16$ HPB300 热轧光圆钢筋，$\phi 6 \sim \phi 16$ HRB335、HRB400 热轧带肋钢筋，$\phi 4 \sim \phi 12$ CRB550 冷轧带肋钢筋，$\phi 3 \sim \phi 5$ 冷拔低碳钢丝的焊接。

对于不同直径钢筋（丝）焊接的情况，系指较小直径钢筋（丝），即焊接骨架、焊接网两根不同直径钢筋焊点中直径较小的钢筋。

◆交流弧焊电源

交流弧焊电源也称弧焊变压器、交流弧焊机，是一种最常用的焊接电源，具有材料省、成本低、效率高、使用可靠、维修容易等优点。

弧焊变压器是一种特殊的降压变压器，具有陡降的外特性；为了保证外特性陡降及交流电弧稳定燃烧，在电源内部应有较大的感抗。获得感抗的方法，一般是靠增加变压器本身的漏磁或存漏磁变压器的次级回路中串联电抗器。为了能够调节焊接电流，变压器的感抗值是可调的（改变动铁心、动绕组的位置或调节铁心的磁饱和程度）。

根据获得陡降外特性的方法不同，弧焊变压器可归纳为两大类，即串联电抗器类和漏磁类。常用的有三种系列：BX1 系列，BX2 系列，BX3 系列。BX2 系列属于串联电抗器类；BX1 系列和 BX3 系列属于漏磁类。此外，还有 BX6 系列抽头式便携交流弧焊机等。

1. 对弧焊电源的基本要求

电弧能否稳定地燃烧，是保证获得优质焊接接头的主要因素之一，为了使电弧稳定燃烧，对弧焊电源有以下基本要求。

（1）陡降的外特性（下降外特性）

焊接电弧具有把电能转变为热能的作用。电弧燃烧时，电弧两端的电压降与通过电弧的电流值不是固定成正比，其比值随电流大小的不同而变化，电压降与电流的关系可用电弧的静特性曲线来表示，如图 2 - 1 所示。焊接时，电弧的静特性曲线随电弧长度变化而不同。在弧长一定的条件下，小电流时，电弧电压随电流的增加而急剧下降；当电流继续增加，大于 60A 时，则电弧电压趋于一个常数。焊条电弧焊时，常用的电流范围在水平段，即焊条电弧焊时，可单独调节电流的大小，而保持电弧电压基本不变。

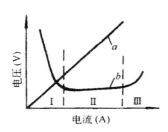

图 2-1　电阻特性与电弧静特性的比较

a—电阻特性；b—电弧静特性；

Ⅰ—降特性段；Ⅱ—平特性段；Ⅲ—上升特性段

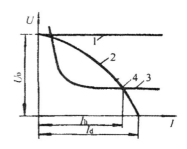

图 2-2　焊接电源的陡降外特性曲线

1—普通照明电源平直外特性曲线；

2—焊接电源陡降外特性曲线；

3—电弧燃烧的静特性曲线；4—电弧燃烧点；

U_0—空载电压；I_h—焊接电流；I_d—短路电流

为了达到焊接电弧由引弧到稳定燃烧，并且短路时，不会因产生过大电流而将弧焊机烧毁，求引弧时，供给较高的电压和较小的电流；当电弧稳定燃烧时，电流增大，而电压应急剧降低；当焊条与工件短路时，短路电流不应太大，而应限制在一定范围内，一般弧焊机的短路电流不超过焊接电流的 1.5 倍，能够满足这样要求的电源称为具有陡降外特性或称下降外特性的电源。陡降外特性曲线，如图 2-2 所示。

（2）适当的空载电压

目前我国生产的直流弧焊机的空载电压大多在 40～90V 之间；交流弧焊机的空载电压大多在 60～80V 之间。弧焊机的空载电压过低，不易引燃电弧；过高，在灭弧时易连弧。过低或过高都会给操作带来困难，空载电压过高，还对焊工安全不利。

（3）良好的动特性

焊接过程中，弧焊机的负荷总是在不断地变化。例如，引弧时，先将焊条与工件短路，随后又将焊条拉开；焊接过程中，熔滴从焊条向熔池过渡时，可能发生短路，接着电弧又拉长等，都会引起弧焊机的负荷发生急剧的变化。由于在焊接回路中总有一定感抗存在，再加上某些弧焊机控制回路的影响，弧焊机的输出电流和电压不可能迅速地依照外特性曲线来变化，而要经过一定时间后才能在外特性曲线上的某一点稳定下来。弧焊机的结构不同，这个过程的长短也不同，这种性能称为弧焊机的动特性。

弧焊机动特性良好时，其使用性能也好，引弧容易，电弧燃烧稳定，飞溅较少，施焊者明显地感到焊接过程很"平静"。

常用的弧焊变压器有 4 种系列：BX1 系列，为动铁式；BX2 系列，为同体式；BX3 系列，为动圈式；BX6 系列，为抽头式。

2. BX2-1000 型弧焊变压器

BX2 系列弧焊变压器有 BX2-500 型、BX2-700 型、BX2-1000 型和 BX2-2000 型等多种型号。

BX2-1000 型弧焊变压器的结构属于同体组合电抗器式。弧焊变压器的空载电压为 69～78V，工作电压为 42V，电流调节范围为 400～1200A。该种弧焊变压器常用作预埋件钢筋埋弧压力焊的焊接电源。

（1）BX2－1000 型弧焊变压器结构

BX2－1000 型弧焊变压器是一台与普通变压器不同的同体式降压变压器。其变压器部分和电抗器部分是装在一起的，铁心形状像"日"字形，并在上部装有可动铁心，改变它与固定铁心的间隙大小，即可改变感抗的大小，达到调节电流的目的。

在变压器的铁心上绕有三个线圈：初级、次级及电抗线圈，初级线圈和次级线圈绕在铁心的下部，电抗线圈绕在铁心的上部，与次接线圈串联。在弧焊变压器的前后装有一块接线板，电流调节电动机和次级接线板在同一方向。

（2）工作原理

BX2－1000 型弧焊变压器的工作原理及线路结构，如图 2－3 所示。弧焊变压器的陡降外特性是借电抗线圈所产生的电压降来获得。

1）空载时，由于无焊接电流通过，电抗线圈不产生电压降。因此，空载电压基本上等于次级电压，便于引弧。

2）焊接时，由于焊接电流通过，电抗线圈产生电压降，从而获得陡降的外特性。

3）短路时，由于很大短路电流通过电抗线圈。产生很大的电压降，使次级线圈的电压接近于零，限制了短路电流。

（3）焊接电流的调节

BX2－1000 型弧焊变压器只有一种调节电流的方法，它是利用移动可动铁心，改变它与固定铁心的间隙。当电动机顺时针方向转动时，使铁心间隙增大，电抗减小，焊接电流增大；反之，焊接电流则减小。

变压器的初级接线板上装有铜接片，当电网电压正常时，金属连接片 80、81 两点接通，使用较多的初级匝数，若电网电压下降 10%，即 340V 以下时，应将连接片换至 79、82 两点接通，使初级匝数降低，使次级空载电压提高。

BX2－1000 型的外特性曲线，如图 2－4 所示。其中，曲线 1 为动铁心在最内位置，曲线 2 为动铁心在最外位置。

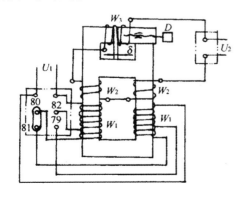

图 2－3　固体式弧焊变压器原理图
W_1—初级绕组；W_2—次级绕组；
W_3—电抗器绕组；
δ—空气隙；D—电流调节电动机

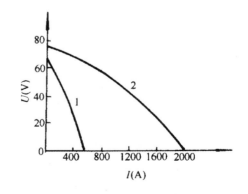

图 2－4　BX2－1000 型弧焊变压器外特性曲线

BX2－1000 型弧焊变压器性能，见表 2－1。

表 2－1　　　　　　　　　　BX2－1000 型弧焊变压器性能

输出	额定工作电压/V	42（40～46）
	额定负载持续率（%）	60
	额定焊接电流/A	1000
输出	空载电压/V	69～78
	焊接电流调节范围/A	400～1200
	额定输出功率/kW	42
输入	额定输入容量/kVA	76
	初级电压/V	220 或 380
	频率/Hz	50
效率（%）		90
功率因数（cosφ）		0.62
质量/kg		560

3. 交流弧焊电源常见故障及消除方法

交流弧焊电源的常见故障及消除方法，见表 2－2。

表 2－2　　　　　　　　交流弧焊电源的常见故障及消除方法

序号	故障现象	产生原因	消除方法
1	变压器过热	1）变压器过载 2）变压器绕组短路	1）降低焊接电流 2）消除短路处
2	导线接线处过热	接线处接触电阻过大或接线螺栓松动	将接线松开，用砂纸或小刀将接触面清理出金属光泽，然后旋紧螺栓
3	手柄摇不动，次级绕组无法移动	次级绕组引出电缆卡住或挤在次级绕组中，螺套过紧	拨开引出电缆，使绕组能顺利移动；松开紧固螺母，适当调节螺套，再旋紧紧固螺母
4	可动铁心在焊接时发出响声	可动铁心的制动螺栓或弹簧太松	旋紧螺栓，调整弹簧
5	焊接电流忽大忽小	动铁心在焊接时位置不稳定	将动铁心调节手柄固定或将铁心固定
6	焊接电流过小	1）焊接导线过长、电阻大 2）焊接导线盘成盘形，电感大 3）电缆线接头或与一件接触不良	1）减短导线长度或加大线径 2）将导线放开，不要成盘形 3）使接头处接触良好

4. 辅助设备和工具

自控远红外电焊条烘干炉（箱）用于焊条脱水烘干，具有自动控温、定时报警的功能，分单门和双门两种。单门只具有脱水烘干功能；双门具有脱水烘干和贮藏保温的功能。一般工程选用每次能烘干 20kg 焊条的烘干炉已足够。

焊条保温筒将烘干的焊条装入筒内，带到工地，接到电弧焊机上，利用电弧焊机次级电流加热，使筒内始终保持 135±15℃温度，避免焊条再次受潮。

钳形电流表用来测量焊接时次级电流值，其量程应大于使用的最大焊接电流。

焊接电缆为特制多股橡皮套软电缆，焊条电弧焊时，其导线截面面积一般为 50mm²；电渣压力焊时，其导线截面面积一般为 $75mm^2$。

面罩及护目玻璃都是防护用具，以保护焊工面部及眼睛不受弧光灼伤，面罩上的护目玻璃有减弱电弧光和过滤红外线、紫外线的作用。它有各种色泽，以墨绿色和橙色为多。选择护目玻璃的色号，应根据焊工年龄和视力情况；装在面罩上的护目玻璃，外加白玻璃，以防金属飞溅脏污护目玻璃。

清理工具包括錾子、钢丝刷、锉刀、锯条、榔头等。这些工具用于修理焊缝，清除飞溅物，挖除缺陷。

◆ 直流弧焊电源

直流弧焊电源，也称直流弧焊机，有直流弧焊发电机、硅弧焊整流器、晶闸管弧焊整流器、晶体管弧焊整流器、逆变弧焊整流器等多种类型。

1. 直流弧焊发电机

直流弧焊发电机坚固耐用，不易出故障，工作电流稳定，深受施工单位的欢迎。但是它效率低，电能消耗多，磁极材料消耗多，噪声大，故由电动机驱动的弧焊发电机，已很少生产并逐渐被淘汰，但内燃机驱动的弧焊发电机是野外施工常用焊机。

直流弧焊发电机按照结构的不同，有差复激式弧焊发电机、裂极式弧焊发电机、换向极去磁式弧焊发电机三种，其中，以前两种弧焊发电机应用较多。

1) AX-320 型直流弧焊发电机。该种焊机属裂极式，空载电压为 50～80V，工作电压为 30V，电流调节范围为 45～320A。它有 4 个磁极，在水平方向磁极称为主极，垂直方向的磁极称为交极，南北极不是互相交替，而是两个北极、两个南极相邻配置，主极和交极仿佛由一个电极分裂而成，故称裂极式。

2) AX-250 型差复激式弧焊发电机。该种焊机原理，如图 2-5 所示。负载时它的工作磁通是他激磁通 Φ_1 与串激去磁磁通 Φ_2 之差，故名差复激式。负载电压 $U=K(\Phi_1-\Phi_2)$，Φ_1 恒定，Φ_2 与负载电流成正比，故增加则 U 下降，输出为下降特性。

AX-250 型焊机的额定焊接电流为 250A，电流调节范围为 50～300A，空载电压为 50～70V，工作电压为 22～32V。

这种焊机的优点是：结构简单、坚固、耐用、工作可靠，噪声小，维修方便和效率高。但与电子控制的弧焊电源比较，其可调的焊接工艺参数少，调节不够灵活，不够精确，并受网路电压波动影响较大等缺点。因此，已逐步被晶闸管（可控硅）弧焊电源所代替。

2. 硅弧焊整流器

硅弧焊整流器是弧焊整流器的基本形式之一，它以硅二极管作为弧焊整流器的元件，故称硅弧焊整流器或硅整流焊机。

硅弧焊整流器是将 50/60Hz 的单相或三相交流网路电压，利用降压变压器 T 降为几十伏的电压，经硅整流器 Z 整流和输出电抗器 L_{de} 滤波，从而获得直流电，对电弧供电，如图 2-6（a）所示。此外，还有外特性调节机构，用以获得所需的外特性和进行焊接电压和电流的调节，一般有机械调节和电磁调节两种，在机械调节中，其所采用的动铁式、动圈式的主变压器与弧焊变压器基本相同；在电磁调节中，利用接在降压变压器和硅整流器之间的磁饱和电抗器（磁放大器）以获得所需要的外特性。

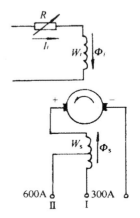

图 2-5　差复激式弧焊发电机原理图

3. ZX5 - 400 型晶闸管弧焊整流器

晶闸管弧焊整流器是利用晶闸管桥来整流，可获得所需要的外特性以及调节电压和电流，而且完全用电子电路来实现控制功能。如图 2 - 6（b）所示，T 为降压变压器，SCR 为晶闸管桥，L_{dc} 为滤波用电抗器，M 为电流、电压反馈检测电路，G 为给定电压电路，K 为运算放大器电路。

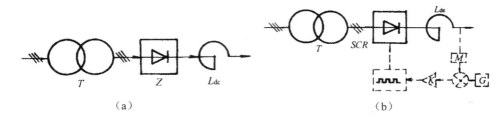

（a）　　　　　　　　　　　　　　（b）

图 2 - 6　基本原理框图

（a）硅弧焊整流器基本原理框图；（b）晶闸管弧焊整流器基本原理框图

ZX5 系列晶闸管弧焊整流器有 ZX5 - 250、ZX5 - 400、ZX5 - 630 多种型号。

4. 逆变弧焊整流器

逆变弧焊整流器是弧焊电源的最新发展，它是采用单相或三相 $50/60\mathrm{Hz}(f_1)$ 的交流网路电压经输入整流器 Z_1 整流和电抗器滤波，借助大功率电子开关的交替开关作用，又将直流变换成几千至几万赫兹的中高频（f_2）交流电，再分别经中频变压器 T、整流器 Z_2 和电抗器 L_{dc} 的降压、整流和滤波，

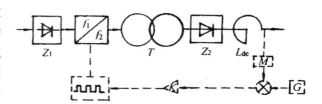

图 2 - 7　逆变弧焊整流器基本原理框图

就得到所需要的焊接电压和电流，即：AC—DC—AC—DC。基本原理方框图，如图 2 - 7 所示。

该种焊机的优点是：高效节能，重量轻，体积小，良好动特性，调节速度快，应用越来越广泛。

5. 直流弧焊电源常见故障及消除方法

1）直流弧焊发电机常见故障及消除方法，见表 2 - 3。

表 2 - 3　　　　　　　　　　直流弧焊发电机的常见故障及消除方法

序号	故障现象	产　生　原　因	消　除　方　法
1	电动机反转	三相电动机与电源网路接线错误	三相中任意两相调换
2	焊接过程中电流忽大忽小	①电缆线与工件接触不良 ②网路电压不稳 ③电流调节器可动部分松动 ④电刷与铜头接触不良	①使电缆线与工件接触良好 ②使网路电压稳定 ③固定好电流调节器的松动部分 ④使电刷与铜头接触良好
3	焊机过热	①焊机过载 ②电枢线圈短路 ③换向器短路 ④换向器脏污	①减小焊接电流 ②消除短路处 ③消除短路处 ④清理换向器，去除污垢
4	电动机不启动并发出响声	三相熔断丝中有某一相烧断	更换新熔丝
		电动机定子线圈烧断	消除断路处
5	导线接触处过热	接线处接触电阻过大或接触处螺栓松动	将接线松开，用砂纸或小刀将接触面清理出金属光泽

2）弧焊整流器的使用和维护与交流弧焊机相似，不同的是它装有整流部分。因此，必须根据弧焊机整流和控制部分的特点进行使用和维护。当硅整流器损坏时，要查明原因，排除故障后，才能更换新的硅整流器。弧焊整流器的常见故障及消除方法，见表 2-4。

表 2-4　　　　　　　　　　　　弧焊整流器的常见故障及消除方法

序号	故障现象	产 生 原 因	消 除 方 法
1	机壳漏电	电源接线误碰机壳	消除碰处
		变压器、电抗器、风扇及控制线圈元件等碰机壳	消除碰处
2	空载电压过低	①电源电压过低 ②变压器绕组短路 ③硅元件或晶闸管损坏	①调高电源电压 ②消除短路 ③更换硅元件或晶闸管
3	电流调节失灵	①控制绕组短路 ②控制回路接触不良 ③控制整流器回路元件击穿 ④印刷线路板损坏	①消除短路 ②使接触良好 ③更换元件 ④更换印刷线路板
4	焊接电流不稳定	①主回路接触器抖动 ②风压开关抖动 ③控制回路接触不良、工作失常	①消除抖动 ②消除抖动 ③检修控制回路
5	工作中焊接电压突然降低	①主回路部分或全部短路 ②整流元件或晶闸管击穿或短路 ③控制回路断路	①消除短路 ②更换元件 ③检修控制整流回路
6	电表无指示	①电表或相应接线短路 ②主回路出故障 ③饱和电抗器和交流绕组断线	①修复电表或接线短路处 ②排除故障 ③消除断路处
7	风扇电机不动	①熔断器熔断 ②电动机引线或绕组断线 ③开关接触不良	①更换熔断器 ②接好或修好断线 ③使接触良好

◆ **焊条**

1. 焊条的组成材料及其作用

（1）焊芯

焊芯是焊条中的钢芯。焊芯在电弧高温作用下与母材熔化在一起，形成焊缝，焊芯的成分对焊缝质量有很大影响。

焊芯的牌号用"H"表示，后面的数字表示含碳量。其他合金元素含量的表示方法与钢号大致相同。质量水平不同的焊芯在最后标以一定符号以示区别。如 H08 表示含碳量为 $0.08\% \sim 0.10\%$ 的低碳钢焊芯；H08A 中的"A"表示优质钢，其硫、磷含量均不超过 0.03%；含硅量不超过 0.03%；含锰量 $0.30\% \sim 0.55\%$。

熔敷金属的合金成分主要从焊芯中过渡，也可以通过焊条药皮来过渡合金成分。

常用焊芯的直径（mm）为 $\phi2.0$、$\phi2.5$、$\phi3.2$、$\phi4.0$、$\phi5.0$、$\phi5.8$。焊条的规格通常用焊芯的直径来表示。焊条长度取决于焊芯的直径、材料、焊条药皮类型等。随着直径的增加，焊条长度也相应增加。

（2）焊条药皮

1）药皮的作用。

①保证电弧稳定燃烧，使焊接过程正常进行。

②利用药皮熔化后产生的气体保护电弧和熔池，防止空气中的氮、氧进入熔池。

③药皮熔化后形成熔渣覆盖在焊缝表面保护焊缝金属，使它缓慢冷却，有助于气体逸出，防止气孔的产生，改善焊缝的组织和性能。

④进行各种冶金反应，如脱氧、还原、去硫、去磷等，从而提高焊缝质量，减少合金元素烧损。

⑤通过药皮将所需要的合金元素掺入到焊缝金属中，改进和控制焊缝金属的化学成分，以获得所希望的性能。

⑥药皮在焊接时形成套筒，保证熔滴过渡到熔池，可进行全位置焊接，同时使电弧热量集中，减少飞溅，提高焊缝金属熔敷效率。

2) 药皮的组成。焊条的药皮成分比较复杂，根据不同用途，有下列数种：

①稳弧剂是一峰容易电离的物质，多采用钾、钠、钙的化合物，如碳酸钾、长石、白垩、水玻璃等，能提高电弧燃烧的稳定性，并使电弧易于引燃。

②造渣剂都是些矿物，如大理石、锰矿、赤铁矿、金红石、高岭土、花岗石、长石、石英砂等。造成熔渣后，主要是一些氧化物，其中有酸性的 SiO_2、TiO_2、P_2O_2 等，也有碱性的 CaO、MnO、FeO 等。

③造气剂有机物，如淀粉、糊精、木屑等；无机物，如 $CaCO_3$ 等，这些物质在焊条熔化时能产生大量的一氧化碳、二氧化碳、氢气等，包围电弧，保护金属不被氧化和氮化。

④脱氧剂常用的有锰铁、硅铁、钛铁等。

⑤合金剂常用的有锰铁、铬铁、钼铁、钒铁等铁合金。

⑥稀渣剂。常用萤石或二氧化钛来稀释熔渣，以增加其活性。

⑦胶黏剂。用水玻璃，其作用使药皮各组成物黏结起来并黏结于焊芯周围。

2. 焊条的保管与使用

（1）焊条的保管

1) 各类焊条必须分类、分牌号存放，避免混乱。

2) 焊条必须存放于通风良好，干燥的仓库内，需垫高并离墙 0.3m 以上，使上下左右空气流通。

（2）焊条的使用

1) 焊条应有制造厂的合格证，凡无合格证或对其质量有怀疑时，应按批抽查试验，合格者方可使用，存放多年的焊条应进行工艺性能试验后才能使用。

2) 焊条如发现内部有锈迹，须试验合格后方可使用。焊条受潮严重，药皮脱落者，一概予以报废。

3) 焊条使用前，一般应按说明书规定烘焙温度进行烘干。

碱性焊条的烘焙温度一般为 350℃，1~2h。酸性焊条要根据受潮情况，在 70~150℃烘焙1~2h。若贮存时间短且包装完好，使用前也可不再烘焙。烘焙时，烘箱应徐徐升高，避免将冷焊条放入高温烘箱内，或突然冷却，以免药皮开裂。

3. 焊条的质量检验

焊条质量评定首先进行外观质量检验，之后进行实际施焊，评定焊条的工艺性能，然后焊接试板，进行各项力学性能检验。

◆焊条电弧焊工艺

1. 点焊工艺

电阻点焊的工艺过程中，应包括预压、通电、锻压三个阶段，如图 2-8 所示。

（1）预压阶段

在压力作用下，两钢筋接触点的原子开始靠近，逐步消除一部分表面的不平和氧化膜，形成物理接触点。

（2）通电阶段

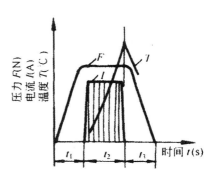

图 2-8　点焊过程示意图

t_1—预压时间；t_2—通电时间；

t_3—锻压时间

通电阶段包括两个过程：在通电开始一段时间内，接触点面积扩大，固态金属因加热而膨胀，在焊接压力作用下，焊接处金属产生塑性变形，并挤向钢筋间缝隙中；继续加热后，开始出现熔化点，并逐渐扩大成所要求的核心尺寸时切断电流。

如果加热过急，往往容易发生飞溅，要注意调整焊接参数，飞溅使核心液态金属减少，表面形成深度压坑，影响美观，降低力学性能；当产生飞溅时，应适当提高电极压力，降低加热速度。

（3）锻压阶段

由减小或切断电流开始，至熔核完全冷却凝固后结束。

在锻压阶段中，其熔核是在封闭塑性环中结晶，加热集中，温度分布陡，加热与冷却速度极快，因此当参数选用不当时，会出现裂纹、缩孔等缺陷。点焊的裂纹有核心内部裂纹，结合线裂纹及热影响区裂纹。当熔核内部裂纹穿透到工件表面时，也成为表面裂纹，点焊裂纹一般都属于热裂纹。当液态金属结晶而收缩时，如果冷却过快，锻压力不足，塑性区的变形来不及补充，则会形成缩孔，这时就要调整参数。

2. 点焊参数

点焊质量与焊机性能、焊接工艺参数有很大关系。焊接工艺参数指组成焊接循环过程和决定点焊工艺特点的参数，主要有焊接电流 I_w、焊接压力（电极压力）F_w、焊接通电时间 t_w、电极工作端面几何形状与尺寸等。

1）当 I_w 很小时，焊接处不能充分加热，始终不能达到熔化温度，增大 I_w 后出现熔化核心，但尺寸过小，仍属未焊透。当达到规定的最小直径和压入深度时，接头有一定强度。随着 I_w 增加，核心尺寸比较大时，电流密度降低，加热速度变缓。当 F_w 增加过大时，加热急剧，就出现飞溅，产生缩孔等缺陷。

2）改变电流通电时间 t_w，与改变 I_w 的影响基本相似，随着 t_w 的增加，焊点尺寸不断增加，当达到一定值时，熔核尺寸比较稳定，这种参数较好。

3）电极压力 F_w 对焊点形成有双重作用。从热的观点看，F_w 决定工件间接触面各接点变形程度，因而决定了电流场的分布，影响着热源 R_c 及 R_j 的变化。F_w 增大时，工件—电极间接触改善，散热加强，因而总热量减少，熔核尺寸减小，从力的观点看，F_w 决定了焊接区周围塑性环变形程度，因此，对形成裂纹、缩孔也有很大关系。

采用 DN3-75 型点焊机焊接 HPB300 钢筋和冷拔低碳钢丝时，焊接通电时间和电极压力分别见表 2-5 和表 2-6。

表 2-5　　　　　　　采用 DN3-75 型点焊机焊接通电时间 (s)

变压器级数	较小钢筋直径/mm							
	3	4	5	6	8	10	12	14
1	0.08	0.10	0.12	—	—	—	—	—
2	0.05	0.06	0.07	—	—	—	—	—
3	—	—	—	0.22	0.70	1.50	—	—
4	—	—	—	0.20	0.60	1.25	2.50	4.00
5	—	—	—	—	0.50	1.00	2.00	3.50
6	—	—	—	—	0.40	0.75	1.50	3.00
7	—	—	—	—	—	0.50	1.20	2.50

注　点焊 HRB335、HRB400 钢筋或冷轧带肋钢筋时，焊接通电时间延长 20%～25%。

表 2-6　　　　　　　钢筋点焊时的电极压力 (N)

较小钢筋直径/mm	HPB300 钢筋、冷拔低碳钢丝	HRB335、HRB400 钢筋、冷轧带肋钢筋
3	980～1470	—
4	980～1470	1470～1960
5	1470～1960	1960～2450
6	1960～2450	2450～2940
8	2450～2940	3940～3430
10	2940～3920	3430～3920
12	3430～4410	4410～4900
14	3920～4900	4900～5880

4）不同的 I_w 与 F_w 可匹配成以加热速度快慢为主要特点的两种不同参数：强参数与弱参数。

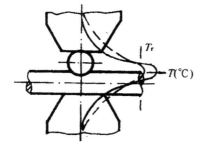

图 2-9　钢筋点焊时温度分布
——强参数；--- 弱参数；
T_r—熔化温度

①强参数。电流大、时间短，加热速度很快，焊接区温度分布陡、加热区窄、表面质量好、接头过热组织少，接头综合性能好，生产率高。只要参数控制较精确，而且焊机容量足够（包括电与机械两个方面），便可采用。但因加热速度快，如果控制不当，易出现飞溅等缺陷，所以，必须相应提高电极压力 F_w，以避免出现缺陷，并获得较稳定的接头质量。

②弱参数。当焊机容量不足，钢筋直径大，变形困难或塑性温度区过窄，并有淬火组织时，可采用加热时间较长、电流较小的弱参数。弱参数温度分布平缓，塑性区宽，在压力作用下易变形，可消除缩孔，降低内应力，如图 2-9 所示为强、弱两种参数点焊时，焊接区的温度分布示意图。

3. 压入深度

一个好的焊点，从外观上，要求表面压坑浅、平滑，呈均匀过渡，表面无裂纹及粘附的铜合金。从内部看，熔核形状应规则、均匀，熔核尺寸应满足结构和强度的要求；熔核内部无贯穿性或超越规定值的裂纹；熔核周围无严重过热组织及不允许的焊接缺陷。

如果焊点没有缺陷，或者缺陷在规定的限值之内，那么，决定接头强度与质量的就是熔核的形状与尺寸。钢筋熔核直径难以测量，但可以用压入深度 d_y 来表示。所谓压入深度就是两钢筋（丝）相互压入的深度，如图 2-10 所示，其计算式如下：

$$d_y = (d_1 + d_2) - h \qquad (2-1)$$

式中　d_1——较小钢筋直径；

　　　　d_2——较大钢筋直径；

　　　　h——焊点钢筋高度。

以 $\phi6 + \phi6$ 钢筋焊点为例，当压入深度为 0 时，焊点钢筋高度为 12mm，熔核直径 d_r 为零。当压入深度为较小钢筋直径的 20% 时，焊点钢筋高度为 10.8mm，计算熔核直径 d_r 为 4.6mm，如图 2-11（a）所示。当压入深度为较小钢筋直径的 30% 时，焊点钢筋高度为 10.2mm，计算熔核直径 d_r 为 5.4mm，见图 2-11（b）。

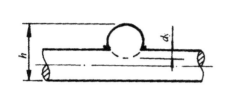

图 2-10　压入深度

d_y—压入深度；h—焊点钢筋高度

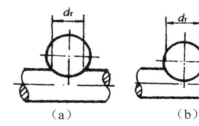

（a）　　　　　（b）

图 2-11　钢筋电阻点焊的熔核直径

d_r—熔核直径

《钢筋焊接及验收规程》（JGJ 18—2012）规定焊点压入深度应为较小钢筋直径的 18%～25%。

规定钢筋电阻焊点压入深度的最小比值，是为了保证焊点的抗剪强度；规定最大比值，对冷拔低碳钢丝和冷轧带肋钢筋，是为了保证焊点的抗拉强度；对热轧钢筋，是为了防止焊点压塌。

4. 表面准备与分流

焊件表面状态对焊接质量有很大影响。点焊时，电流大、阻抗小，故次级电压低，一般不大于 10V。这样，工件上的油污、氧化皮等均属不良导体。在电极压力作用下，氧化膜等局部破碎，导电时改变了焊件上电流场的分布，使个别部位电流线密集，热量过于集中，易造成焊件表面烧伤或沿焊点外缘烧伤。清理良好的表面将使焊接区接触良好，熔核周围金属压紧范围也将扩大，在同样参数下焊接时塑性环较宽，从而提高了抗剪力。

点焊时不经过焊接区，未参加形成焊点的那一部分电流叫作分流电流，简称分流。如图 2-12 所示。

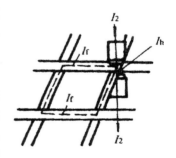

图 2-12　钢筋点焊时的分流现象

I_2—次级电流；I_h—流经焊点焊接电流；I_f—分流电流

钢筋网片焊点点距是影响分流大小的主要因素。已形成的焊点与焊接处中心距离越小，分流电阻 R_f 就越小，分流电流 I_f 增加，使熔核直径 d_r 减小，抗剪力降低。因此，在焊接生产中，要注意分流的影响。

5. 钢筋多点焊

在钢筋焊接网生产中，宜采用钢筋多点焊机。这时，要根据网的纵筋间距调整好多点焊机电极的间距，注意检查各个电极的电极压力、焊接电流以及焊接通电时间等各项参数的一致，以保持各个焊点质量的稳定性。

6. 电极直径

因为电极决定着电流场分布和40%以上热量的散失，所以电极材料、形状、冷却条件及工作端面的尺寸都直接影响着焊点强度。在焊接生产时，要根据钢筋直径选用合适的电极端面尺寸，见表2-7，并经常保持电极与钢筋之间接触表面的清洁平整。若电极使用变形，应及时修整。安装时，上下电极的轴线必须成一直线，不得偏斜和漏水。

表 2-7   电 极 直 径

较小钢筋直径/mm	电极直径/mm	较小钢筋直径/mm	电极直径/mm
3~10	30	12~14	40

7. 点焊制品焊接缺陷及消除措施

在钢筋点焊生产中，若发现焊接制品有外观缺陷，应及时查找原因，并且采取措施予以防止和消除，见表2-8。

表 2-8   点焊制品焊接缺陷及消除措施

项次	缺陷种类	产 生 原 因	消 除 措 施
1	焊点过烧	1）变压器级数过高 2）通电时间太长 3）上下电极不对中心 4）继电器接触失灵	1）降低变压器级数 2）缩短通电时间 3）切断电源、校正电极 4）清理触点、调节间隙
2	焊点脱落	1）电流过小 2）压力不够 3）压入深度不足 4）通电时间太短	1）提高变压器级数 2）加大弹簧压力或调大气压 3）调整两电极间距离，符合压入深度要求 4）延长通电时间
3	钢筋表面烧伤	1）钢筋和电极接触表面太脏 2）焊接时没有预压过程或预压力过小 3）电流过大 4）电极变形	1）清刷电极与钢筋表面的铁锈和油污 2）保证预压过程和适当的预压力 3）降低变压器级数 4）修理或更换电极

8. 悬挂式点焊钳的应用

使用悬挂式点焊钳进行焊接，有很大优越性，由于点焊钳挂在轨道上，而各操作按钮均在点焊钳面板上，可以随意灵活移动，适合于焊接各种几何形状的焊接钢筋网片和钢筋骨架。

焊接工艺参数根据钢筋强度等级代号、直径选用，与采用气压式点焊机时相同，焊点压入深度一般为较小钢筋（丝）的25%。焊点质量检验做抗剪试验和拉伸试验，全部合格。

使用该种点焊钳，工作面宽，灵活，适用性强，既能减轻焊工劳动强度，又可提高生产率。

◆电阻点焊的设备

点焊机是电阻焊机的一种。电阻焊机除了满足制造简单，成本低，使用方便，工作可靠、稳定，维修容易等基本要求之外，尚应具有：

1）焊机结构强度及刚性好。

2）焊接回路有良好适应性。

3）程序动作的转换迅速、可靠。

4）调整焊机（焊接电流）及更换电极方便。

1. 加压机构

1）原有脚踏式点焊机、电动凸轮式点焊机目前已不多见。

2）气压式气缸是加压系统的主要部件，由一个活塞隔开的双气室，可使电极产生这样一种行程：抬起电极、安放钢筋、放下电极、对钢筋加压，如图 2-13 所示。配有气压式加压机构的点焊机有 DN2-100A 型、DN3-75 型、DN3-100 型等，目前应用最多，其外形如图 2-14 所示。

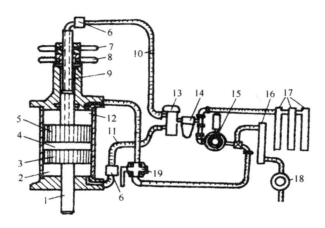

图 2-13　气压式加压系统

1—活塞杆；2、4—下气室与中气室；5、3—上、下活塞；6—节流阀；
7—锁紧螺母；8—调节螺母；9—导气活塞杆；10、11—气管；12—上气室；
13—电磁气阀；14—油杯；15—调压阀；16—高压贮气筒；
17—低压贮气筒；18—气阀；19—三通开关

图 2-14　DN2-100A 型点焊机

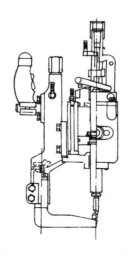

图 2-15　气压式点焊钳

3）气压式点焊钳在钢筋网片、骨架的制作中，常采用气压式点焊钳。点焊钳的构造，如图 2-15 所示。工作行程为 15mm；辅助行程为 40mm；电极压力为 3000N、气压为 0.5MPa；重为 16kg。

2. 焊接回路

点焊机的焊接回路包括变压器次级绕组引出铜排 7、连接母线 6、电极夹 3 等，如图 2-16 所示。

机臂一般用铜棒制成，交流点焊机的机臂直径不小于 60mm，大容量焊机的机臂应更粗些，在最大电极压力作用下，一般机臂挠度不大于 2mm，焊接回路尺寸为 $L=200\sim1200mm$；机臂间距为 $H=500\sim800mm$；臂距可调范围为 $h=10\sim50mm$。

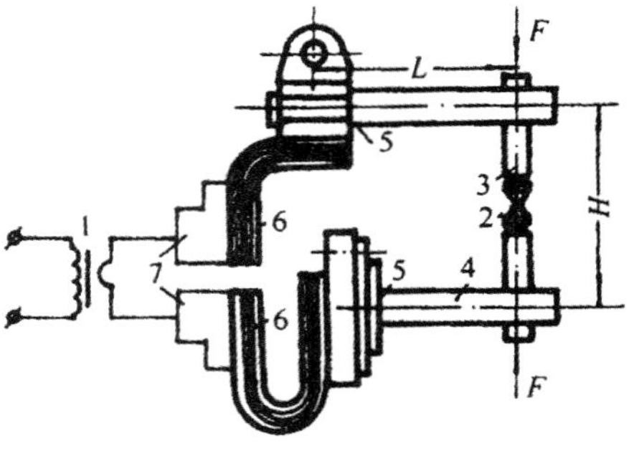

电极夹用来夹持电极、导电和传递压力，故应有良好力学性能和导电性能。因断面尺寸小，电流密度高，故与机臂及电极都应有良好的接触。

机架是由焊机各部件总装成一体的托架，应有足够的刚度和强度。

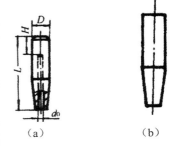

图 2-16　焊接回路

1—变压器；2—电极；3—电极夹；4—机臂；
5—导电盖板；6—母线；7—导电铜排

3. 电极

电极用来导电和加压，并决定主要的散热量，所以电极材料、形状、工作端面尺寸，以至于冷却条件对焊接质量和生产率都有重大影响。

电极采用铜合金制作。为了提高铜的高温强度、硬度和其他性能，可加入铬、镉、铍、铝、锌、镁等合金元素。

电极的形式有很多种，用于钢筋点焊时，一般均采用平面电极，如图 2-17 所示。图中 L、H、D 等均为电极的尺寸参数，根据需要设计。

图 2-17　点焊电极

（a）锥形电极；（b）平面电极

电极端头靠近焊件，在不断重复加热下，温度上升，因此，一般均需通水冷却。冷却水孔与电极端面距离必须恰当，以防冷却条件变坏，或者电流场分布变坏。

◆钢筋焊接网

1. 钢筋焊接网的应用与发展

钢筋焊接网是将纵向和横向钢筋定距排列，全部交叉点均焊接在一起的钢筋网片，是一种工厂化加工的钢筋制品，是一种新型、高效、优质的钢筋混凝土结构用建筑钢材。

钢筋焊接网在欧美等国家已经得到非常广泛的应用，形成商品化供应。

2. 钢筋焊接网的应用领域

钢筋焊接网宜作为钢筋混凝土结构、构件的受力钢筋、构造钢筋以及预应力混凝土结构、构件中的非预应力钢筋，具体应用领域如下：

1）建筑业：工业、民用高层建筑楼板、剪力墙面、地坪、梁、柱等。

2）交通业：公路路面、桥面、飞机场、隧道、桥梁、市政建设等。

3）环保体育：污水处理池、区域保护、体育场馆等。

4）水利电力工程：发电厂、坝基、港口、输水渠道、加固坝堤。

5）煤矿：防护网、基础网。

6）农业和地表稳定：防洪、边坡稳定、崩塌防护。

7）其他。

3. 钢筋焊接网优点

(1) 钢筋焊接网受力特点　与普通绑扎不同，焊接网各焊点具有一定抗剪能力，纵横钢筋连成整体，使钢筋混凝土受力传递有利于整体作用的发挥。同时由于纵向和横向钢筋都可以起到黏结锚固的作用，限制了混凝土裂缝在钢筋间距区格间的传递，从而减少裂缝长度和裂缝宽度的发展，相应也减少了构件的挠度。

(2) 现场施工工艺的改进　钢筋焊接网由自动的钢筋焊接网设备生产，只要操作得当，网片的焊点质量、网格尺寸、网片尺寸等均能得到保证。

(3) 提高工作质量　钢筋焊接网安装简单，便于检查，安装质量易于控制。在混凝土浇筑过程中不易弯折变形，更好保证网面受力筋的设计高度和混凝土保护层厚度。

(4) 提高施工速度　钢筋焊接网安装简单，只需按布置图就位，并保证网片入梁（或柱）的锚固长度及网片间的搭接长度，即可达到安装质量要求，大大提高施工速度。

(5) 有利于文明施工　钢筋焊接网安装简便，现场工作量小，安装时间短，减少现场钢筋加工和堆放，有利于文明施工。

(6) 良好技术经济效益　虽然钢筋焊接网每吨价格比绑扎钢筋直接费用高出 35％左右，但因为钢筋用量的降低和其他费用的大大降低，总的钢筋价格和绑扎钢筋相比降低 5％～10％。所以它具有很好的技术经济效益和社会效益。

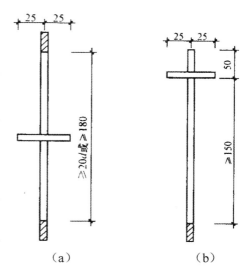

图 2-18　钢筋焊接网试验
(a) 拉伸试验；(b) 抗剪试验

◆ 电阻点焊的质量检验

成品钢筋焊接网进场时，应按批抽样检验，见表 2-9。

表 2-9　　　　　　　　　　　　钢筋焊接网质量标准及检验方法

项次	项目	质量要求及检验	取样数量
1	外观检查	钢筋交叉点开焊数量不得超过整个网片交叉总数的 1%，并且任一根钢筋上开焊点数不得超过该根钢筋上交叉点总数的 50%。焊接网最外边钢筋上的交叉点不得开焊	每批钢筋焊接网应由同一厂家生产、受力主筋为同一直径、同一级别的焊接网组成，质量不应大于 20t。每批焊接网外观质量和几何尺寸的检验，应抽取 5% 的网片，且不得少于 3 片
		焊接网表面不得有油迹及其他影响使用的缺陷，可允许有毛刺、表面浮锈	
		焊接网几何尺寸的允许偏差：对网片的长度、宽度为 ±25mm；对网格的长度、宽度为 ±10mm。当需方有要求时，经供需双方协商，焊接网片长度允许偏差可取 ±10mm	

项次	项目	质量要求及检验		取样数量
2	力学性能试验	抗剪试验	抗剪试验时，应采用能悬挂于试验机上专用的抗剪试验夹具。抗剪试验结果，3个试件抗剪力的平均值应符合下式计算的抗剪力： $$F \geqslant 0.3 \times A_0 \times R_{el}$$ 式中　F——抗剪力； 　　　A_0——较大钢筋的横截面积； 　　　R_{el}——该级别钢筋的屈服强度 当抗剪试验不合格时，应在取样的同一横向钢筋上所有交叉焊点取样检查；当全部试件平均值合格时，应确认该批焊接网为合格品	钢筋焊接网的焊点应作力学性能试验。在每批焊接网中，应随机抽取一张网片，在纵、横向钢筋上各截取两根试件，分别进行拉伸和冷弯试验；并在同一根非受力钢筋上随机截取3个抗剪试件。试件的尺寸如图2-18所示 力学性能试件，应从成品中切取，切取过试件的制品，应补焊同级别、同直径钢筋，其每边搭接的长度不应小于2个孔格的长度
		拉伸、弯曲试验	拉伸试验与弯曲试验方法，与常规方法相同。试验结果应符合该级别钢筋的力学性能指标；如不合格，则应加倍取样进行不合格项目的检验。复验结果全部合格时，该批钢筋网方可判定为合格	

钢筋点焊生产过程中，应随时检查制品的外观质量，当发现焊接缺陷时，应参照表2-8查找原因，采取措施及时消除。

【实例】

【例 2-1】　钢筋混凝土路面用钢筋焊接网的最小直径及最大间距应符合现行行业标准《公路水泥混凝土路面设计规范》(JTG D40—2011) 的规定。当采用冷轧带肋钢筋时，钢筋直径不应小于8mm、纵向钢筋间距不应大于200mm，横向钢筋间距不应大于300mm。焊接网的纵、横向钢筋宜采用相同的直径，钢筋的保护层厚度不应小于50mm。钢筋混凝土路面补强用的焊接网可按钢筋混凝土路面用焊接网的有关规定执行。

1) 混凝土路面与固定构造物相衔接的胀缝无法设置传力杆时，可在毗邻构造物的板端部内配置双层钢筋焊接网；或在长度为6～10倍板厚的范围内逐渐将板厚增加20%。

2) 混凝土路面与桥梁相接，桥头设有搭板时，应在搭板与混凝土面层板之间设置长6～10mm的钢筋混凝土面层过渡板。当桥梁为斜交时，钢筋混凝土板的锐角部分应采用钢筋焊接网补强。

3) 混凝土面层下有箱形构造物横向穿越，其顶面至面层底面的距离小于400mm或嵌入基层时，在构造物顶端及两侧，混凝土面层内应布设双层钢筋焊接网，上下层钢筋焊接网应设在距面层顶面和底面各1/4～1/3厚度处。

混凝土面层下有圆形管状构造物横向穿越，其顶面至面层底面的距离小于1200mm时，在构造物两侧，混凝土面层内应布设单层钢筋焊接网，钢筋焊接网设在距面层顶面1/4～1/3厚度处。

【例 2-2】　钢筋焊接网可用于市政桥梁和公路桥梁的桥面铺装、旧桥面改造及桥墩防裂等。通过国内上千座桥梁应用工程质量验收表明，采用焊接网明显提高桥面铺装层质量，保护层厚度合格率达97%以上，桥面平整度提高，桥面几乎无裂缝，铺装速度提高50%以上，降低桥面铺装工程造价约10%。桥面铺装层的钢筋焊接网应使用焊接网或预制冷轧带肋钢筋焊接网，不宜使用绑扎钢筋焊接网。桥面铺装用钢筋焊接网的直径及间距应依据桥梁结构形式及荷载等级确定。钢筋焊接网间距可采用 100～200mm，其钢筋直径宜采用 6～10mm。钢筋焊接网纵、横向宜采用相等间距，焊接网距顶面的保护层厚度不应小于 20mm。

【例 2 - 3】 根据《公路隧道设计规范》（JTG D70—2004）规定，在喷射混凝土内应设带肋钢筋焊接网，有利于提高喷射混凝土的抗剪和抗弯强度，提高混凝土的抗冲切能力，抗弯曲能力，提高喷射混凝土的整体性，减少喷射混凝土的收缩裂纹，防止局部掉块。钢筋焊接网网格应按矩形布置，钢筋焊接网的钢筋间距为 150～300mm。可采用 150mm×150mm，200mm×200mm，200mm×250mm，250mm×300mm，300mm×300mm 的组合方式。

钢筋焊接网的喷射混凝土保护层的厚度不得小于 20mm，当采用双层钢筋焊接网时，两层钢筋焊接网之间的间隔距离不应小于 60mm。

【例 2 - 4】 采用 GWC 钢筋网焊接设备生产的钢筋焊接网在工程中应用举例，如图 2 - 19 所示。

（a）

（b）

（c）

图 2 - 19　钢筋焊接网在工程中的应用

（a）松下万宝工厂；（b）广州鹤洞夫桥；（c）深圳地王大厦

2.2 钢筋闪光对焊

常遇问题
1. 钢筋闪光对焊都有哪些工艺？它们相互之间都有哪些区别？
2. 请举例说明钢筋闪光对焊设备的特点以及使用方法？

【连接方法】

◆钢筋闪光对焊的基本原理

1. 闪光对焊的加热

闪光对焊是指利用焊件内部的电阻和接触电阻所产生的电阻热，对焊件进行加热进而实现焊接的。闪光对焊时，焊件内部的电阻可以按照钢筋电阻估算，其中某温度下的电阻系数 ρ 可以根据闪光对焊温度下分布曲线的规律来确定。

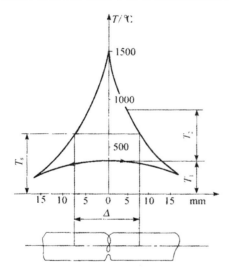

图 2-20 连续闪光对焊时，
焊件温度场的分布
T_s—塑性温度；Δ—塑性温度区

在闪光对焊过程中，焊缝端面上形成了连续不断的液体过梁（液体小桥），且又连续不断地爆破，进而在焊缝端面上逐渐形成了一层很薄的液体金属层。端面形成的液体过梁决定了闪光对焊的接触电阻，闪光对焊的接触电阻与闪光速度以及钢筋截面有关，钢筋截面面积越大，闪光速度就越快，电流密度越大，接触电阻就越小。

当闪光对焊时，其接触电阻很大。在闪光对焊过程中，总电阻略有增加。

如图 2-20 所示，在连续闪光对焊时，焊件内部电阻产生的热把焊件加热到温度 T_1；接触电阻所产生的热把焊件加热到温度 T_2，$T_2 \geqslant T_1$。由于连续闪光对焊的热源主要集中在钢筋接触面处，因此，温度分布沿焊件轴向的特点是梯度大，曲线较陡。

2. 闪光阶段

焊接开始时，在接通电源后，先将两焊件逐渐移近，在钢筋间形成很多具有很大电阻的小接触点，并且很快地熔化成一系列液体金属过梁，过梁的不断爆破及不断生成，形成了闪光。图 2-21 为一个过梁的示意图。

过梁的形状和尺寸由下列各力来决定。

1）液体表面的张力 σ 在钢筋移近时（间隙 Δ 减小），力图扩大过梁内径 d。

2）径向的压缩效应力 P_y，力图将电流所通过的过梁压细并且拉断。因为过梁形状类似于两个对着的圆锥体，所以 P_y 在轴线方向的分力，即液体导体的拉力 P_0 与电流的平方成正比关系。

3）电磁引力 P_c。若有一个以上的过梁同时存在时，就如同载有同向电流的平行导线一样产生电磁引力 P_c，力图把几个过梁合并，但因为过梁存在的时间很短，所以这种合并是来不及完成的。

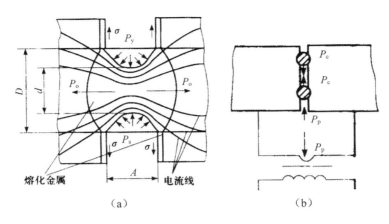

图 2-21　熔化过梁示意图
(a) 作用在过梁上的内力；(b) 作用在过梁上的外力

4) 焊接回路的电磁斥力 P_p。对焊机的变压器通常都在钳口的下方，可把变压器的次级线圈看作是平行于钢筋的导体，这就相当于载有异向电流的平行导线相互排斥，这个力与电流的平方成正比，并与自感系数有关，因为 P_p 的方向指向与变压器相反的一边，因此在力 P_p 作用下，使液体过梁向上移动。若过梁爆破时，就以很高的速度（$5\sim6\mathrm{m/s}$）向与变压器相反的方向飞溅出来。

焊接电流经过零值的一瞬间，过梁的形状取决于表面张力，因为除了表面张力外，其余各力都为零。随着电流的增加，在径向压力 P_y 的作用下，导致过梁直径 d 减小，这时电流密度急剧增大，温度也迅速提高，过梁内部便出现了金属的蒸发。金属蒸汽致使液体过梁体积急剧膨胀而爆破，已熔化了的金属微粒从对口间隙中飞溅出来。有资料指出，金属蒸汽对焊件端面的压力可以达到 $3\sim6\mathrm{MPa}$。

在过梁爆破时，大部分熔化的金属会沿着力 P_p 的方向排挤到对口外部，部分过梁还没有来得及爆破就被排挤到焊缝的边缘。在闪光过程稳定进行的情况下，每秒钟过梁爆破可达 500 次以上，为了使闪光过程不间断，钢筋瞬时移动速度 v' 应与钢筋实际缩短速度（即烧化速度 v_1）相适应，若 $v' \geqslant v_1$ 时，间隙 Δ 减小，而过梁直径 d 增大，甚至会使爆破停止，最后使钢筋短路，闪光终止。若 $v' < v_1$ 时，间隙 Δ 增大，造成闪光过程中断。

闪光阶段的作用是指熔化金属过梁在连续形成和爆破的过程中会析出大量的热，致使钢筋对口及附近区域的金属被强烈加热，在接触处每秒钟析出的热量：

$$q_1 = 0.24 R_c I_w^2 \tag{2-2}$$

液体金属过梁的形成（q'）和向对口两侧钢筋的传导（q''）就是利用了这些热量。

瞬时烧化速度 v_1 随着接触而析出的热量 q_1 和端面金属平均温度的增加而增加，并且随着端面温度梯度的增加而减小。开始闪光时，闪光过程进行得很缓慢，随着钢筋加热，瞬时速度 v_1 增加。所以，为了确保闪光过程的连续性，钢筋的移近速度也应该跟随变化，即由慢而快。另外，通过预热来提高端面金属平均温度，也可以提高烧化速度。

在闪光开始阶段的加热是不均匀的。随着连续不断加热，闪光焊接区的温度也逐渐均匀，直到钢筋顶锻前接头加热到足够的温度，这对于焊接质量来说很重要。因为它决定了顶锻前金属塑性变形的条件及氧化物夹杂的排除。闪光不但能析出大量的热，用以加热工件；还能通过闪光微粒带走空气中的氧、氮，保护工件端面，免受侵袭。

3. 预热阶段

若钢筋直径较粗，焊机容量相对较小，要采取预热闪光焊。预热可以提高瞬时的烧化速度，能加宽对口两侧的加热区，用以降低冷却速度，避免接头在冷却中产生淬火组织，进而缩短闪光时间，减少烧化量。

预热方法除了前面提到的闪光预热外，还有电阻预热。电阻预热系在连续闪光之前，先将两钢筋轻微接触数次。接触时，接触电阻很大，焊接电流通过产生了大量的电阻热，导致钢筋端部温度升高，进而达到预热的目的。

4. 顶锻阶段

顶锻不但是连续闪光焊的第二阶段，也是预热闪光焊的第三阶段。顶锻包括电顶锻和无电顶锻两部分。

顶锻是指在闪光结束前，对焊接处迅速施加足够大的顶锻压力，致使液体金属尽可能地产生氧化物夹渣，并迅速地从钢筋端面间隙中挤出来，以确保接头处产生足够的塑性变形，进而形成共同晶粒，以获得牢固的对焊接头。

顶锻时，焊机动夹具的移动速度突然提高，一般情况下都比闪光速度高出十几倍至数十倍。这时接头间隙开始迅速减小，过梁断面增大而不易被破坏，最后不再爆破。闪光截止时，钢筋端面同时进入有电顶锻阶段，须注意的是：随着闪光阶段的结束，端头间隙内气体的保护作用也随之消失，这时间隙并未完全封闭，故高温下的接头极易氧化。当钢筋端面进一步移近时，间隙才能完全封闭，将熔化的金属从间隙中排挤到对口外围，形成毛刺状。顶锻进行得越快，金属在未完全封闭的间隙中遭受氧化的时间越短，所得接头的质量越高。

若顶锻阶段中电流过早地断开，则与顶锻速度过小时一样，会导致接头质量降低。这不只是因为气体介质保护作用消失，致使间隙缓慢封闭时金属被强烈地氧化，也因为端面上熔化的金属已经冷却，顶锻时氧化物很难从间隙中排挤出来而保留在结合面中成为缺陷。

顶锻中的无电流顶锻阶段，是指在切断电流后进行顶锻，所需的单位面积上的顶锻力须确保能把全部熔化了的金属及氧化物夹渣从接口内挤出，且使近缝区的金属有适当的塑性变形。

总的来说，焊接过程中顶锻力的作用如下：

1）能封闭钢筋端面的间隙和火口。

2）可排除氧化物夹渣及所有的液体，使接合面的金属紧密接触。

3）可产生一定的塑性变形，促进焊缝结晶的进行。

在闪光对焊过程中，接头端面形成了一层很薄的液体层，这是将液体金属排挤掉后，在高温塑性变形状态下形成的。

◆钢筋闪光对焊的特点

钢筋闪光对焊的优点是生产效率高、操作方便、节约能源、节约钢材、接头受力性能好、焊接质量高等，故钢筋的对接焊接应优先采用闪光对焊。

◆钢筋闪光对焊的适用范围

钢筋闪光对焊适用于 HPB300、HRB335、HRB400、HRB500、Q300 热轧钢筋，及 RRB400 余热处理钢筋。

◆钢筋闪光对焊的工艺

要求焊机的缓降外特性较适宜。因为在闪光时，缓降的外特性可以确保金属过梁时的电阻减小时，使焊接电流骤然增大，保证过梁易于加热及爆破，进而稳定了闪光过程。

1．钢筋闪光对焊的工艺方法

（1）连续闪光焊

将工件夹紧在钳口上，接通电源后，使工件逐渐移近，端面局部接触，如图 2－22（a）、（b）所示，工件端面的接触点在高电流密度作用下迅速熔化、蒸发、爆破，呈高温粒状金属，从焊口内高速飞溅出来，如图 2－22（c）所示。当旧的接触点爆破后又形成新的接触点，这就形成了连续不断的爆破过程，并伴随着工件金属的烧损，因而称之为烧化或闪光过程。

为了保证连续不断地闪光，随着金属的烧损，工件需要连续不断地送进，即以一定的送进速度适应其焊接过程的烧化速度。工件经过一定时间的烧化，使其焊口达到所需要的温度，并使热量扩散到焊口两边，形成一定宽度的温度区，在撞击式的顶锻压力作用下液态金属排挤在焊口之外，使工件焊合，并在焊口周围形成大量毛刺，由于热影响区较窄，故在结合面周围形成较小的凸起，如图 2－22（d）所示。

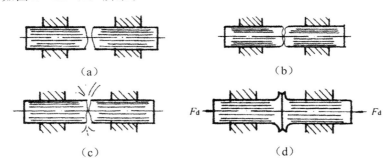

图 2－22　连续闪光对焊法

焊接工艺过程的示意图，如图 2－23 所示。钢筋直径较小时，宜采用连续闪光焊。

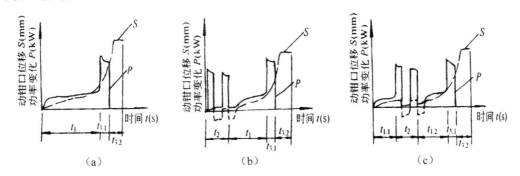

图 2－23　钢筋闪光对焊工艺过程图解

（a）连续闪光焊；（b）预热闪光焊；（c）闪光—预热闪光焊

t_1—烧化时间；$t_{1.1}$—一次烧化时间；

$t_{1.2}$—二次烧化时间；t_2—预热时间；t_3—顶锻时间；

$t_{3.1}$—有电顶锻时间；$t_{3.2}$—无电顶锻时间

（2）预热闪光焊

在连续闪光焊前附加预热阶段，即将夹紧的两个工件，在电源闭合后开始以较小的压力接触，然后又离开，这样不断地断开又接触，每接触一次，由于接触电阻及工件内部电阻使焊接区加热，拉开时产生瞬时的闪光。经上述反复多次，接头温度逐渐升高形成预热阶段。焊件达到预热温度后进入闪光阶段，随后以顶锻而结束。钢筋直径较粗，并且端面比较平整时，宜采用预热闪光焊。

（3）闪光—预热闪光焊

在钢筋闪光对焊生产中，钢筋多数采用钢筋切断机断料，端部有压伤痕迹，端面不够平整，这时宜采用闪光—预热闪光焊。

闪光—预热闪光焊就是在预热闪光焊之前，预加闪光阶段，其目的就是把钢筋端部压伤部分烧去，使其端面达到比较平整，在整个断面上加热温度比较均匀。这样，有利于提高和保证焊接接头的质量。

2. 工艺参数

施焊中，焊工应熟练掌握各项留量参数，如图 2-24 所示。

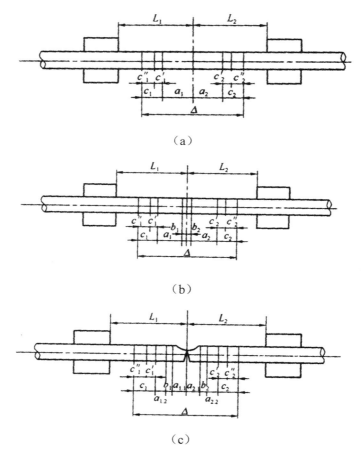

（a）

（b）

（c）

图 2-24　闪光对焊留量图解

（a）连续闪光焊；（b）预热闪光焊；（c）闪光—预热闪光焊

L_1、L_2—调伸长度；a_1+a_2—烧化留量；$a_{1.1}+a_{2.1}$—一次烧化留量；

$a_{1.2}+a_{2.2}$—二次烧化留量；b_1+b_2—预热留量；c_1+c_2—顶锻留量；

$c_1'+c_2'$—有电顶锻留量；$c_1''+c_2''$—无电顶锻留量；Δ—焊接总留量

1) 闪光对焊时，应按下列规定选择调伸长度、烧化留量、顶锻留量以及变压器级数等焊接参数：

①调伸长度的选择，应随着钢筋强度等级代号的提高和钢筋直径的加大而增长，主要是减缓接头的温度梯度，防止热影响区产生淬硬组织；当焊接 HRB400、HRBF400 等强度等级代号钢筋时，调伸长度宜在 40～60mm 内选用。

②烧化留量的选择，应根据焊接工艺方法确定。当连续闪光焊时，闪光过程应较长；烧化留量应等于两根钢筋在断料时切断机刀口严重压伤部分（包括端面的不平整度），再加 8～10mm；当闪光—预热闪光焊时，应区分一次烧化留量和二次烧化留量。一次烧化留量不应小于 10mm，二次烧化留量不应小于 6mm。

③需要预热时，宜采用电阻预热法。预热留量应为 1～2mm，预热次数应为 1～4 次；每次预热时间应为 1.5～2s，间歇时间应为 3s～4s。

④顶锻留量应为 3～7mm，并应随钢筋直径的增大和钢筋强度等级代号的提高而增加。其中，有电顶锻留量约占 1/3，无电顶锻留量约占 2/3，焊接时必须控制得当。焊接 HRB500 钢筋时，顶锻留量宜稍微增大，以确保焊接质量。

2) 当 HRBF335 钢筋、HRBF400 钢筋、HRBF500 钢筋或 RRB400W 钢筋进行闪光对焊时，与热轧钢筋比较，应减小调伸长度，提高焊接变压器级数，缩短加热时间，快速顶锻，形成快热快冷条件，使热影响区长度控制在钢筋直径的 60% 范围之内。

3) 变压器级数应根据钢筋强度等级代号、直径、焊机容量以及焊接工艺方法等具体情况选择。

4) HRB500、HRBF500 钢筋焊接时，应采用预热闪光焊或闪光预热闪光焊工艺。当接头拉伸试验结果，发生脆性断裂或弯曲试验不能达到规定要求时，尚应在焊机上进行焊后热处理。

5) 在闪光对焊生产中，当出现异常现象或焊接缺陷时，应查找原因，采取措施，及时消除。

3. 钢筋闪光对焊缺陷及消除措施

在闪光对焊生产中，应重视焊接过程中的任何一个环节，以确保焊接质量。若出现异常现象或焊接缺陷，应参照表 2-10 查找原因，及时消除。

表 2-10   钢筋闪光对焊异常现象、焊接缺陷及消除措施

项次	异常现象和焊接缺陷	产 生 原 因	消 除 措 施
1	烧化过分剧烈并产生强烈的爆炸声	1) 变压器级数过高 2) 烧化速度太快	1) 降低变压器级数 2) 减慢烧化速度
2	闪光不稳定	1) 电极底部或钢筋表面有氧化物 2) 变压器级数太低 3) 烧化速度太慢	1) 清除电极底部和钢筋表面的氧化物 2) 提高变压器级数 3) 加快烧化速度
3	接头中有氧化膜、未焊透或夹渣	1) 预热程度不足 2) 临近顶锻时的烧化速度太慢 3) 带电顶锻不够 4) 顶锻加压力太慢 5) 顶锻压力不足	1) 增加预热程度 2) 加快临近顶锻时的烧化速度 3) 确保带电顶锻过程 4) 加快顶锻速度 5) 增大顶锻压力
4	接头中有缩孔	1) 变压器级数过高 2) 烧化过程过分强烈 3) 顶锻留量或顶锻压力不足	1) 降低变压器级数 2) 避免烧化过程过分强烈 3) 适当增大顶锻留量及顶锻压力

续表

项次	异常现象和焊接缺陷	产 生 原 因	消 除 措 施
5	焊缝金属过烧	1) 预热过分 2) 烧化速度太慢, 烧化时间过长 3) 带电顶锻时间过长	1) 减小预热程度 2) 加快烧化速度, 缩短焊接时间 3) 避免过多带电顶锻
6	接头区域裂纹	1) 钢筋母材碳、硫、磷可能超标 2) 预热程度不足	1) 检验钢筋的碳、硫、磷含量; 如不符合规定时, 应更换钢筋 2) 采取低频预热方法, 增加预热程度
7	钢筋表面微熔及烧伤	1) 钢筋表面有铁锈或油污 2) 电极内表面有氧化物 3) 电极钳口磨损 4) 钢筋未夹紧	1) 清除钢筋表面的铁锈和油污 2) 清除电极内表面的氧化物 3) 改进电极槽口形状, 增大接触面积 4) 夹紧钢筋

◆钢筋闪光对焊的设备

1. 钢筋对焊机型号表示方法

钢筋对焊机型号由类别、主参数代号、特征代号等组成, 如图 2-25 所示。

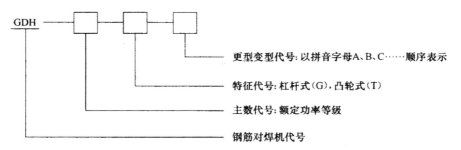

图 2-25 钢筋对焊机型号表示方法

标记示例

额定功率为 80kVA 凸轮式钢筋对焊机: 钢筋对焊机 GDH80T

2. 技术要求

原机械行业标准规定如下。

1) 焊机变压器绕组的温升限值应符合表 2-11 的规定。

表 2-11　　　　　　　　　焊接变压器绕组温升限值

冷却介质	测定方法	不同绝缘等级时的温升限值/℃				
		A	E	B	F	H
空气	电阻法	60	75	85	105	130
	热电偶法	60	75	85	110	135
	温度计法	55	70	80	100	120
水	电阻法	70	85	95	115	140
	热电偶法	70	85	95	120	145
	温度计法	65	80	90	110	130

注: 当采用温度计法及热电偶法时应在绕组的最热点上测定。

2）气路系统的额定压力规定为 0.5MPa，所有零件及连接处应能在 0.6MPa 下可靠地工作。

3）焊机水路系统中所有零部件及连接处，应保证在 0.15～0.3MPa 的工作压力下能可靠地进行工作，并应装有溢流装置。

4）加压机构应保证电极间压力稳定，夹紧力及顶锻力的实际值与额定值之差不应超过额定值的 ±8%。

5）焊机应具有足够的刚度，在最大顶锻力下，焊机的刚度应保证焊件纵轴线之间的正切值不超过 0.012。

6）焊接回路有良好适应性，能焊接不同直径的钢筋，能进行连续闪光焊、预热闪光焊和闪光—预热闪光焊等不同的工艺方法。

7）在自动或半自动闪光对焊机中，各项程序动作转换迅速、准确。

8）调整焊机的焊接电流及更换电极方便。

3. 对焊机的构造

（1）对焊机的组成

对焊机属电阻焊机的一种。对焊机由机架、导向机构、动夹具和固定夹具、送进机构、夹紧机构、支点（顶座）、变压器、控制系统几部分组成，如图 2 - 26 所示。

手动的对焊机用得最为普遍，可用于连续闪光焊、预热闪光焊，以及闪光—预热闪光焊等工艺方法。

自动对焊机可以减轻焊工劳动强度，更好地保证焊接质量，可采用连续闪光焊和预热闪光焊工艺方法。

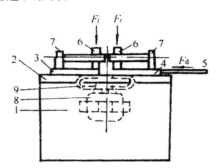

图 2 - 26　对焊机示意图
1—机架；2—导轨；3—固定座板；
4—动板；5—送进机构；6—夹紧机构；
7—顶座；8—变压器；9—软引线；
F_j—夹紧力；F_d—顶锻力

1）机架和导轨。在机架上紧固着对焊机的全部基本部件，机架应有足够的强度和刚性，否则，在顶锻时会使焊件产生弯曲。机架常采用型钢焊成或用铸铁、铸钢制成，导轨是供动板移动时导向用的，有圆柱形、长方形或平面形。

2）送进机构。送进机构的作用是使焊件同动夹具一起移动，并保证有必要的顶锻力；使动板按所要求的移动曲线前进；当预热时，能往返移动；没有振动和冲动。

（2）送进机构的类型

1）手动杠杆式。其作用原理与结构，如图 2 - 27（b）。它由绕固定轴 0 转动的曲柄杠杆 1 和长度可调的连杆 2 所组成，连杆的一端与曲柄杠杆相铰接，另一端与动座板 5 相铰接，当转动杠杆 1 时，动座板即按所需方向前后移动。杠杆移动的极限位置由支点来控制。顶锻力随着 a 角的减小而增大（在 $a=0$ 时，即在曲柄死点上，它是理论上达到无限大）。若曲柄达到死点后，顶锻力的方向立即转变，可将已焊好的焊件拉断。所以不允许杠杆伸直到死点位置。一般限制顶锻终了位置为 $a=5°$ 左右，由限位开关 3、4 来控制，所以实际能发挥的最大顶锻力不超过 $(3～4)×10^4$N。这种送进机构的优点是结构简单；缺点是所发挥的顶锻力不够稳定，顶锻速度较小（15～20mm/s），并易使焊工疲劳。UN1 - 75 型对焊机的送进机构即为手动杠杆式。

2）电动凸轮式。其传动原理，如图 2 - 28（a）所示，电动机 D 的转动经过三角皮带装置 P，一对正齿轮 ch 及蜗杆减速器传送到凸轮 K，螺杆 L 可用于调整电动机与皮带轮的中心距，以实现凸轮转速的均匀调节。为了使电流的切断，电动机的停转与动座板移动可靠的配合，在凸轮 K 上部装置了两个辅助凸轮 K_1 和 K_2，以便在指定时间关断行程开关。凸轮外形满足闪光

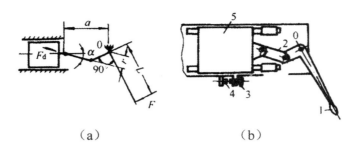

图 2-27 手动杠杆式送进机构

（a）计算图解；（b）杠杆传动机构

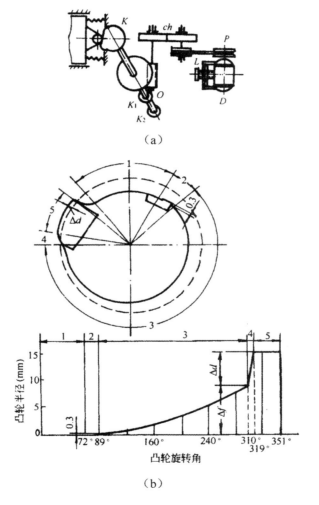

（a）

（b）

图 2-28 电动凸轮式送进机构

（a）传动原理；（b）凸轮外形及其展开

和顶锻的要求，典型的凸轮及其展开图示，如图 2-28（b）所示。该种送进机构的主要优点是结构简单、工作可靠，减轻焊工劳动强度。缺点是电动机功率大而利用率低；顶锻速度有限制，一般为 20～25mm/s。例如，UN2-150-2 型对焊机就是采用这种送进机构。

3）气动或气液压复合式。UN17-150 型对焊机的送进机构就是气液压复合式的，其原理如图 2-29 所示。动作过程如下：

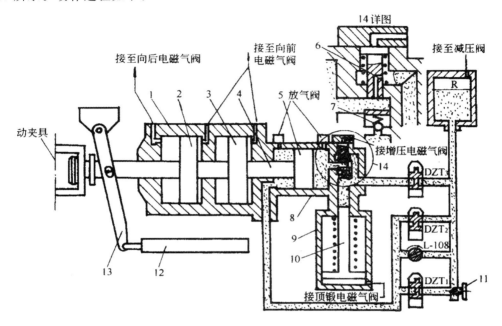

图 2-29　UN17-150 型对焊机的送进机构

1—缸体；2、3—气缸活塞；4—活塞杆；5—油缸活塞；6—针形活塞；
7—球形阀；8—阻尼油缸；9—顶锻气缸；10—顶锻缸的活塞杆兼油缸活塞；
11—调预热速度的手轮；12—标尺；13—行程放大杆；
DZT$_1$、DZT$_3$—电磁换向阀（常开）；DZT$_2$—电磁换向阀（常闭）；L-108—节流阀；R—油箱

①预热只有向前和向后电磁气阀交替动作，推动夹具前后移动，向前移动速度由油缸排油速度决定；夹具返回速度由阻尼油缸后室排油速度决定，速度较慢。

②闪光时向前电磁气阀动作，气缸活塞推动夹具前移，闪光速度由油缸前室排油速度决定。

③顶锻由气液缸 9 进行。当闪光终了时，顶锻电磁气阀动作，气缸通入压缩空气，给顶锻油缸的液体增压，作用于活塞上，以很大的压力推动夹具迅速移动，进行顶锻。

闪光和顶锻留量均由装在焊机上的行程开关和凸轮来控制，调节各个凸轮和行程开关的位置就可调节各留量。

这类送进机构的优点是顶锻力大，控制准确；缺点就是构造复杂。

（3）夹紧机构

夹紧机构由两个夹具构成，一个是固定的，称为静夹具；另一个是可移动的，称为动夹具。前者直接安装在机架上，与焊接变压器次级线圈的一端相接，但在电气上与机架绝缘；后者安装在动板上，可随动板左右移动，在电气上与焊接变压器次级线圈的另一端相连接。

常见夹具型式有：手动偏心轮夹紧，手动螺旋夹紧，气压式、气液压式及液压式。

（4）对焊机焊接回路

对焊机的焊接回路一般包括电极、导电平板、次级软导线及变压器次级线圈，如图 2-30 所示。

焊接回路是由刚性和柔性的导线元件相互串联（有时并联）构成的导电回路，同时也是传递力的系统，回路尺寸增大，焊机阻抗增大，使焊机的功率因数和效率均下降。为了提高闪光过程的稳定性，要减少焊机的短路阻抗，特别是减少其中有效电阻分量。

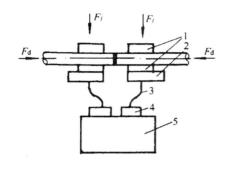

图 2-30　对焊机的焊接回路
1—电极；2—动板；3—次级软导线；4—次级线圈；
5—变压器；F_j—夹紧力；F_d—顶锻力

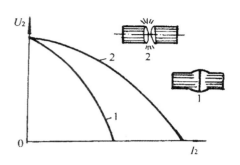

图 2-31　外特性
1—陡降特性；2—缓降特性

对焊机的外特性决定于焊接回路的电阻分量，当电阻很大时，在给定的空载电压下，短路电流 I_2 急剧减小，是为陡降的外特性，如图 2-31 所示。当电阻很小时，外特性具有缓降的特点。对于闪光对焊要求焊机具有缓降的外特性比较适宜。因为闪光时，缓降的外特性可以保证在金属过梁的电阻减小时使焊接电流骤然增大，使过梁易于加热和爆破，从而稳定了闪光过程。

◆钢筋闪光对焊接头的质量检验

钢筋闪光对焊接头质量标准及检验方法见表 2-12。

表 2-12　　　　　钢筋闪光对焊接头质量标准及检验方法

项次	项目	质量要求及检验		取样数量
1	外观检查	质量要求	1）接头处不得有横向裂纹 2）与电极接触处的钢筋表面不得有明显的烧伤 3）接头处的弯折，不得大于 4° 4）接头处的钢筋轴线偏移 a，不得大于钢筋直径的 0.1 倍，且不得大于 2mm；其测量方法如图 2-32 所示	在同一台班内，由同一焊工，按同一焊接参数完成的 300 个同类型接头作为一批。一周内连续焊接时，可能累计计算。一周内累计不足 300 个接头时，也按一批计算钢筋闪光对焊接头的外观检查，每批抽查 10%的接头，且不得少于 10 个
		质量检验	当有一个接头不符合要求时，应对全部接头进行检查，剔出不合格接头，切除热影响区后重新焊接	
2	拉伸试验	质量要求	1）三个试件的抗拉强度均不得低于该级别钢筋的抗拉强度标准值 2）至少有两个试样断于焊缝之外，并呈塑性断裂	
		质量检验	当检验结果有一个试件的抗拉强度低于规定指标，或有两个试件在焊缝或热影响区发生脆性断裂时，应取双倍数量的试件进行复验。复验结果，若仍有一个试件的抗拉强度低于规定指标，或有三个试件呈脆性断裂，则该批接头即为不合格品 模拟试件的检验结果不符合要求时，复验应从成品中切取试件，其数量和要求与初试时相同	

续表

项次	项目	质量要求及检验		取样数量
3	弯曲试验	质量要求	钢筋闪光对焊接头弯曲试验时，应将受压面的金属毛刺和矫粗变形部分去掉，与母材的外表齐平弯曲试验可在万能试验机、手动或电动液压弯曲机上进行，焊缝应处于弯曲的中心点，弯心直径见表2-13。弯曲至90°时，至少有2个试件不得发生破断	钢筋闪光对焊接头的力学性能试验包括拉伸试验和弯曲试验，应从每批成品中切取6个试件，3个进行拉伸试验，3个进行弯曲试验
		质量检验	当试验结果，有2个试件发生破断时，应再取6个试件复验。复验结果，当仍有3个试件发生破断，应确认该批接头为不合格品	

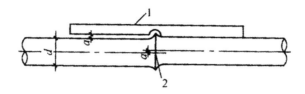

图 2-32　对焊接头轴线偏移测量方法
1—测量尺；2—对焊接头

表 2-13   钢筋对接接头弯曲试验指标

钢筋级别	弯心直径/mm	弯曲角/(°)
HPB300	2d	90
HRB335、HRBF335	4d	90
HRB400、HRBF400、RRB400W	5d	90
HRB500、HRBF500	7d	90

注　1. d 为钢筋直径。
　　2. 直径大于25mm 的钢筋对焊接头，做弯曲试验时弯心直径应增加一个钢筋直径。

◆**特殊钢筋焊接**

钢筋焊接工作中，会遇到一些特殊钢筋焊接工作。本分支主要介绍大直径钢筋焊接，RRB400 余热处理钢筋焊接，不同强度等级代号、不同直径钢筋的焊接。

　　1. 大直径钢筋焊接

当采用 UN2-150 型对焊机（电动机凸轮传动）或 UN17-150-1 型对焊机（气—液压传动）进行大直径钢筋焊接时，应首先采取锯割或气割方式对钢筋端面进行平整处理；再采取预热闪光焊工艺，其技术要求包括：

　　1）变压器级数须较高，且应选择较快的凸轮转速，保证闪光过程有足够的强烈程度及稳定性。

　　2）应采取垫高顶锻凸块等措施，保证接头处获得足够的镦粗变形。

　　3）要准确调整并严格控制各过程的起、止点，确保夹具的释放及顶锻机构的复位按时动作。

　　2. RRB400 余热处理钢筋焊接

RRB400 级钢筋闪光对焊时，与热轧钢筋比较，要减小调伸长度，提高焊接变压器级数，缩短加热时间，快速顶锻，形成快热、快冷条件，要使热影响区长度控制在钢筋直径的 0.6 倍范围之内。

3. 不同强度等级代号、不同直径钢筋的焊接

1）不同强度等级代号的钢筋可进行闪光对焊；对不同直径钢筋闪光对焊时，直径小的一侧的钳口要加垫一块薄铜片，以保证两钢筋的轴线在一直线上。

2）若既不同强度等级代号又不同直径钢筋，例如 $\phi28$ HPB25 钢筋与 M33×2 的 45 钢螺丝端杆焊接，由于两者的直径、化学成分相差甚多，给焊接带来了一定困难，须采取相应的工艺措施，以保证焊接质量。

【实例】

【例 2 - 5】 某大厦上部主体结构钢筋工程施工，本工程钢筋工程所含工艺复杂，为了加快施工进度，本工程地上结构部分水平方向直径大于 16mm 钢筋连接采用闪光对焊进行焊接。根据总平面布置，地下室施工完毕后，将钢筋加工房布置到现场。上部主体结构施工过程中钢筋制作主要在场内完成，采用一台塔吊将钢筋吊运至工作面上，局部塔吊不方便吊转位置采用人工转运办法。水平地上结构钢筋由塔吊直接将钢筋吊至施工楼层进行绑扎。钢筋加工前，技术员需根据设计图纸、规范要求及钢筋配料，填写钢筋配料单，钢筋配料需按以下原则进行：钢筋配料必须认真熟悉设计图纸，了解钢筋的锚固长度、搭接长度、保护层厚度等参数；配料时，需充分考虑梁板墙等各结构构件之间的关系，以便控制钢筋翻样的长度，避免构件尺寸超大或出现露筋情况。

2.3 箍筋闪光对焊

常遇问题

1. 什么是箍筋闪光对焊？它与钢筋闪光对焊有什么区别？

2. 请举例说明箍筋闪光对焊的设备？

【连接方法】

◆**箍筋闪光对焊的特点**

箍筋闪光对焊与普通钢筋闪光对焊比较，其特点是，二次电流中存在分流现象，如图 2 - 33 所示。因此，焊接时，应采用较大容量的焊机，适当提高变压器级数。

箍筋闪光对焊的焊接生产特点是，生产效率高，一个台班，以 $\phi12$ mm 为例，可以达到一千多个对焊箍筋。

◆**箍筋闪光对焊的适用范围**

1. 钢筋直径

箍筋闪光对焊的钢筋直径，最常用的为 8～18mm，最大可达到 25mm。

2. 箍筋闪光对焊的优越性

（1）箍筋连接的方法

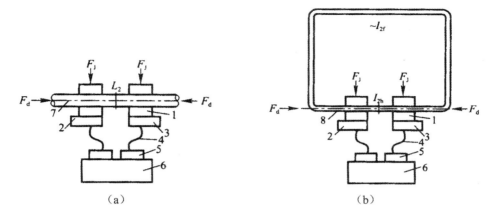

图 2-33　对焊机的焊接回路与分流

（a）钢筋闪光对焊；（b）箍筋闪光对焊

1—电极；2—定板；3—动板；4—次级软导线；5—次级线圈；

6—变压器；7—钢筋；8—箍筋；

F_j—夹紧力；F_d—顶锻力；I_{2h}—二次焊接电流；I_{2f}—二次分流电流

在建筑工程的梁、柱构件中，使用大量箍筋。在以往，箍筋的连接采用以下两种方法：

1）箍筋两端绕过主筋做 135°弯钩。锚固在混凝土中，即弯钩箍筋。

2）箍筋两端相互搭接 10 倍箍筋直径，采用单面搭接电弧焊。

以上两种方法均费工费料，施工不甚方便。

近十年来，采用闪光对焊封闭环式箍筋，取得了很大成效，梁柱箍筋和前两者对比，如图 2-34 所示。

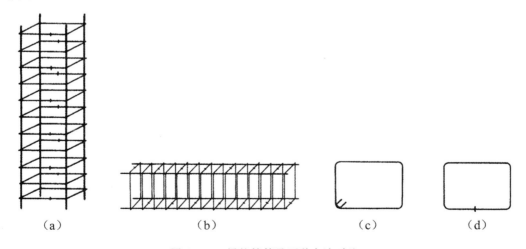

图 2-34　梁柱箍筋及两种方法对比

（a）柱箍筋；（b）梁箍筋；（c）弯钩箍筋；（d）对焊箍筋

（2）箍筋闪光对焊的优点

1）接头质量可靠。对焊箍筋接头质量可靠，有利于结构受力和满足抗震设防要求。

2）节约钢筋，降低工程造价。由于采用对焊工艺，每道箍筋可节约两个弯钩的钢材，在工程中箍筋的数量比较大，节约箍筋弯钩钢材也可观，而且，箍筋的直径越大，效果越明显。

3）施工方便。

①以往柱弯钩箍筋安装时，是先把箍筋水平拉开，再往柱主筋上卡，费力费时。使用这种新型对焊箍筋，可以从上往下套，比较省力省时。还可以采取先将柱主筋接头以下的对焊箍筋先套扎好，完成主筋接头后，再套入主筋上段对焊箍筋。

②梁的主筋安装时，先将对焊箍筋分垛立放，再将梁主筋穿入，比较方便。

对四肢箍的梁筋安装时，可采用专用钢筋支架控制四肢箍的位置，分成几垛放置，再穿入梁主筋的办法。

③以往的箍筋由于弯钩多，不好振捣，容易卡振动棒。而使用这种对焊箍筋就不存在这个问题。

◆箍筋闪光对焊的工艺

1. 焊点位置

箍筋闪光对焊的焊点位置宜设在箍筋受力较小一边的中部，不等边的多边形柱箍筋对焊点位置宜设在两个边上的中部。

2. 箍筋下料

箍筋下料长度应预留焊接总留量（Δ），其中包括烧化留量（A）、预热留量（B）和顶锻留量（C）。

矩形箍筋下料长度可按下式计算：

$$L_{\mathrm{g}} = 2(a_{\mathrm{g}} + b_{\mathrm{g}}) + \Delta \qquad (2-3)$$

式中　L_{g}——箍筋下料长度（mm）；

　　　　a_{g}——箍筋内净长度（mm）；

　　　　b_{g}——箍筋内净宽度（mm）；

　　　　Δ——焊接总留量（mm）。

当切断机下料，增加压痕长度，采用闪光—预热闪光焊工艺时，焊接总留量 Δ 随之增大，约为 $1.0d$（d 为箍筋直径）。上列计算箍筋下料长度经试焊后核对，箍筋外皮尺寸应符合设计图纸的规定。

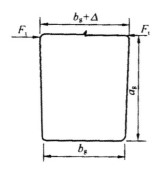

图 2-35　待焊箍筋

a_{g}—箍筋内净长度；b_{g}—箍筋内净宽度；Δ—焊接总留量；F_{t}—弹性压力

3. 钢筋切断和弯曲

1）钢筋切断宜采用钢筋专用切割机下料；当用钢筋切断机时，刀口间隙不得大于 0.3mm。

2）切断后的钢筋端面应与轴线垂直，无压弯、无斜口。

3）钢筋按设计图纸规定尺寸弯曲成型，制成待焊箍筋，应使两个对焊钢筋头完全对准，具有一定弹性压力，如图 2-35 所示。

4. 注意事项

1）待焊箍筋为半成品，应进行加工质量的检查，属中间质量检查。按每一工作班、同一强度等级代号钢筋、同一加工设备完成的待焊箍筋作为一个检验批，每批随机抽查 5% 焊件。检查项目应符合下列规定：

①两钢筋头端面应闭合，无斜口。

②接口处应有一定弹性压力。

2）箍筋闪光对焊应符合下列规定：

①宜使用 100kVA 的箍筋专用对焊机。

②宜采用预热闪光焊，焊接工艺参数、操作要领、焊接缺陷的产生与消除措施等，可按相关规定执行。

③焊接变压器级数应适当提高，二次电流稍大。

④两钢筋顶锻闭合后，应延续数秒钟再松开夹具。

3）箍筋闪光对焊过程中，当出现异常现象或焊接缺陷时，应查找原因，采取措施，及时消除。

5. 箍筋闪光对焊的异常现象及消除

箍筋闪光对焊的异常现象、焊接缺陷及消除措施见表 2-14。

表 2-14　　　　　　　箍筋闪光对焊的异常现象、焊接缺陷及消除措施

序号	异常现象和焊接缺陷	产 生 原 因	消 除 措 施
1	箍筋下料尺寸不准，钢筋头歪斜	1）箍筋下料长度未经试验正确 2）钢筋调直切断机性能不稳定	1）箍筋下料长度必须经弯曲和对焊试验确定 2）选用性能稳定、下料误差为 ±3mm，能确保钢筋端面垂直于轴线的调直切断机
2	待焊箍筋两头分离、错位	1）接头处两钢筋之间没有弹性压力 2）两钢筋头未对准	1）制作箍筋时将接头对面边的两个 90°角弯成 87°～89°角，使接头处产生弹性压力 F_t 2）将两钢筋头对准
3	焊接接头被拉开	1）电极钳口变形 2）钢筋头变形 3）两钢筋头未对正	1）修整电极钳口或更换电极 2）矫直变形的钢筋头 3）将箍筋两头对正

◆ 箍筋闪光对焊的设备

1. 设备选择

箍筋直径通常偏小，若直径为 φ6～φ10 时，应选用 UN1-40 型对焊机，并且采用连续闪光焊工艺。该种焊机外形体积比较小，特别是电极夹钳容易固定及退出箍筋，对提高工作效率有利。

若箍筋直径较大，为 φ12～φ18 时，须采用 UN1-75 型闪光对焊机及预热闪光对焊工艺。这时，也可以采用 UN1-100 型对焊机，由于焊接电流比较大，对于用钢筋切断机下料的钢筋也能适应，可以采用连续闪光焊工艺，质量较稳定。

2. UN1-40 型对焊机

某机械公司生产的 UN1-40 型对焊机的主要技术参数和焊机结构如下。

（1）主要技术参数（表 2-15）

表 2-15　　　　　　　　UN1-40 型对焊机主要技术参数

技 术 参 数	要　　求	技 术 参 数		要　　求
初级电压/V	220/380	最大送料行程/mm		20
额定电容/kVA	40	最大钳口距离/mm		50
负载持续率/（%）	20	冷却水消耗量/（L/h）		120
初级额定电流/A	182/105	焊机重量/kg		275
调节级数/级	8	外形尺寸	高/mm	1300
次级空载电压/V	2.37/4.75		宽/mm	500
最大顶锻力/N	1500		长/mm	1340

（2）结构

对焊机主要结构包括焊接变压器、固定电极、移动电极（即钳口）、焊接送料机构（加压机构）及控制元件等。使用杠杆送料时，利用操纵杆移动可动机构。

左、右两电极分别通过多层铜皮与焊接变压器次级线圈之导体连接，焊接变压器的次级线圈应由流水冷却。次级空载电压应用分级开关调节。在焊接处的两侧以及下方均有防护板，防止熔化金属溅入变压器及开关中，焊工需经常清除防护板上的金属溅沫，以免造成短路等故障。

1）送料机构。送料机构的作用是完成焊接时所需的熔化以及挤压过程，主要包含操纵杆、调节螺钉、压簧等。若将操纵杆在两极限位置中移动时，可以获得20mm的工作行程。若操纵杆在行程终端（左侧）时，应将调节螺钉的中心轴（与焊机中心轴间的夹角）调整到4°～5°。这时，可以获得最大的顶锻压力。在调节螺钉调整妥善后，应将其两侧的螺母旋紧。

所有移动部件都有油孔，应经常保持润滑。

若用杠杆送料时，应先松开螺母放松压簧，使挂钩取消作用，然后再将调节螺钉与可动机构连接的长孔螺杆换为圆孔螺杆。

2）开关控制。若按下按钮开关时，接通继电器，使其电源接触器作用，则焊接变压器与电源接通。想要控制焊件在焊接过程中的烧化量，可调节装在可动机构上的断电器的伸出长度，当其触动行程开关时，电流即被切断，焊接过程终止。

控制回路的电源由次级电压是36V的辅变压器供电。杠杆送料时，可用于电阻焊以及闪光焊。

3）钳口（电极）。通过手动偏心轮加压，使焊件紧固于电极上，压力的大小可调节偏心轮或偏心套筒。

4）焊接变压器。焊接变压器是铁壳式，其初级绕组为盘形；次级绕组是由三片周围焊有水冷铜管的铜板并联而成的。变压器至电极是由多层薄铜皮连接。

焊接过程通电时间的长短，可以由焊工通过按钮开关及行程开关控制。

焊接时，应按钢筋直径来选择调节级数，以取得所需要的次级空载电压。各级次级空载电压值见表2-16。

表 2 - 16　　　　　　　　　　　次 级 空 载 电 压

级　数	插 头 位 置			次级空载电压/V
	I	II	III	
1	2	2	2	2.37
2	1			2.59
3	2	1		2.79
4	1			3.04
5	2	2		3.33
6	1			3.68
7	2	1		4.17
8	1			4.75

3. 对设备的要求

（1）钢筋调直切断机

1）保证调直后钢筋无弯折。

2）钢筋切断长度误差不得超过 5mm。

3）钢筋端头表面应垂直于钢筋轴线，无压弯、无斜口。

（2）钢筋切断机

1）活动刀片无晃动。

2）活动刀片与固定刀片之间的间隙可调至 0.3mm。

3）刀片应保持锋利。

（3）箍筋弯曲机

1）弯曲角能按需要调整。

2）弯曲角度准确，符合设计要求。

（4）箍筋焊接设备

1）调整压杆高度位置，可使箍筋两端部轴线在同一中心线上。

2）箍筋钳口压紧机构操作方便，压紧后无松动。

3）顶锻机构滑动装置沿导轨左右滑动灵便，无晃动。

4）改换插把位置方便，以获得所需要的次级空载电压；电气系统安全可靠。

在焊接生产中，对于直径为 8～10mm 的箍筋，可配置 80(75)kV·A 的闪光对焊机，对于直径 12～18mm 的箍筋，应配置 100kV·A 的闪光对焊机。

（5）性能完好　所有箍筋加工、焊接的设备应性能完好，符合使用说明书的规定。使用过程中一旦出现故障，或配件磨损，影响加工精度，应立即停机检查，进行维修。

【实例】

【例 2－6】　某商住楼工程三标段总建筑面积 100966m²，包含全部地下室及地上部分 1～4 号楼、11 号楼五栋单体建筑，其中 1 号楼、3 号楼 29 层，2 号楼 32 层，4 号楼、11 号楼 25 层。结构形式为框架剪力墙结构。

1. 三大优点

本工程梁、柱箍筋均采用封闭式闪光对焊箍筋。两种箍筋比较，如图 2－36 所示，采用封闭箍筋有以下三大优点：

①节省原材料的用量。传统箍筋弯钩部分的钢筋用量为：抗震结构弯钩平直长度为 10d。两个弯钩共 20d；采用封闭箍筋后节省弯钩部分的钢筋用量；φ8 箍筋每个可节约 0.83kg，φ10 每个可节约 0.162kg。本工程共节约钢筋用量约 60t。

②提高项目经济效益。累计可节约成本约 10 万元。

③提高工作效率和质量。

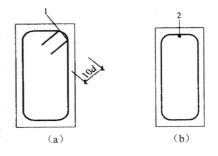

图 2－36　两种箍筋比较

(a) 弯钩箍筋；(b) 对焊箍筋

1—弯钩；2—焊点

【例 2－7】　某商住楼工程总建筑面积为 64920m²，共 35 层。结构形式为框架剪力墙结构，主要应用在梁箍、柱箍。应用效果如下：

1）能很好控制梁二排钢筋和柱角筋的位置；节约钢材、提高工效，加快工程施工进度。

2）该商住楼工程使用闪光对焊封闭箍筋，节约钢材如下：

①φ6.5 钢筋按常规加工需用量为 45.53t，采用闪光对焊封闭箍筋可节约钢材 1.25t。

②φ8 钢筋按常规加工需用量为 355.65t，采用闪光对焊封闭箍筋可节约钢材 22.35t。

③ϕ10 钢筋按常规加工需用量为 179.35t，采用闪光对焊封闭箍筋可节约钢材 10.26t。

④ϕ12 钢筋按常规加工需用量为 257.73t，采用闪光对焊封闭箍筋可节约钢材 10.78t。

【例 2-8】 某住宅小区工程

1. 工程概况：

某集团公司于 2006 年 3 月至 2009 年 3 月施工，建筑面积为 17.06 万 m²，框架剪力墙结构，施工采用了箍筋闪光对焊工艺技术，应用情况如下：

1）钢筋牌号：Q300、HRB335

2）焊接方法：箍筋闪光对焊

3）钢筋接头总数共计 2194856 个，其中：

Q300 直径 8mm1220920 个、直径 10mm705454 个。HRB335 直径 12mm²56942 个、直径 14mm8662 个、直径 16mm²100 个、直径 18mm780 个。

2. 焊机型号：UN-100 型闪光对焊机。

3. 焊接工艺参数：焊接功率视钢筋直径调节，档位在 6～8 挡。直径 10mm 以下的箍筋采用"连续闪光焊"；直径 10mm 以上的箍筋采用"预热闪光焊"。

4. 焊接接头外观检查结果：接头基本无错位，焊缝位置略有镦粗，均无裂纹，外观检查全部合格。

5. 焊接接头力学性能试验结果：所有焊接接头试件，经清远市建筑工程质量监督检测站（CMA 认证机构）检测，抗拉试验力学性能均为合格。

6. 优越性和经济分析：

1）解决了传统弯钩箍筋在主筋密集或箍筋较粗时，无法将箍筋两端均弯成 135°弯钩的质量问题。

2）用闪光对焊箍筋安装的柱梁钢筋骨架，成型尺寸准确，观感质量好。

3）柱梁钢筋安装时，由于闪光对焊箍筋没有弯钩，好滑动，明显提高了安装速度。

4）本工程应用闪光对焊箍筋共计 2194856 个，与传统 135°弯钩箍筋比较，节约钢材 301034kg，按每千克 3.80 元计算，经济价值为 114.39 万元。

2.4 钢筋电弧焊

常遇问题

1. 什么是钢筋电弧焊？有哪些特点？

2. 钢筋电弧焊质量检验时应该注意哪些事项？

【连接方法】

◆钢筋电弧焊的特点

焊条电弧焊的特点是轻便、灵活，可用于平、立、横、仰全位置焊接，适应性强、应用范围广。它适用于构件厂内，也适用于施工现场；可用于钢筋与钢筋，以及钢筋与钢板、型钢的焊接。

当采用交流电弧焊时，焊机结构简单，价格较低，坚固耐用。当采用三相整流直流电弧焊机时，可使网路负载均衡，电弧过程稳定。

◆ **钢筋电弧焊的适用范围**

钢筋电弧焊是最常见的焊接方式。钢筋电弧焊的接头形式较多，主要包括帮条焊、搭接焊、坡口焊、熔槽帮条焊等。其中帮条焊、搭接焊有双面焊和单面焊之分；坡焊有平焊和立焊两种。

此外，还有钢筋与钢板的搭接焊，钢筋与钢板垂直的预埋件 T 形接头电弧焊。所有这些，分别适用于不同强度等级代号、不同直径的钢筋。

◆ **钢筋电弧焊的工艺**

1. 工艺流程

工艺流程为：检查设备→选择焊接参数→试焊做模拟试件→送试→确定焊接参数→施焊→质量检验。

2. 操作技术

（1）检查电源、焊机及工具

焊接地线应与钢筋接触良好，防止因引弧而烧伤钢筋。

（2）选择焊接参数

根据钢筋级别、直径、接头形式和焊接位置，选择适宜的焊条直径、焊接层数和焊接电流，保证焊缝与钢筋熔合良好。

（3）试焊、做模拟试件

在每批钢筋正式焊接前，应焊接 3 个模拟试件做拉力试验，经试验合格后，方可按确定的焊接参数成批生产。

（4）施焊操作

1）引弧。带有垫板或帮条的接头，引弧应在钢板或帮条上进行。无钢筋垫板或无帮条的接头，引弧应在形成焊缝的部位，防止烧伤主筋。

2）定位。焊接时应先焊定位点再施焊。

3）运条。运条时的直线前进、横向摆动和送进焊条三个动作要协调平稳。

4）熄弧。熄弧时，应将熔池填满，拉灭电弧时，应将熔池填满，注意不要在工作表面造成电弧擦伤。

5）多层焊。如钢筋直径较大，需要进行多层施焊时，应分层间断施焊，每焊一层后，应清渣再焊接下一层。应保证焊缝的高度和长度。

6）熔合。焊接过程中应有足够的熔深。主焊缝与定位焊缝应结合良好，避免气孔、夹渣和烧伤缺陷，并防止产生裂缝。

7）平焊。平焊时要注意熔渣和铁液混合不清的现象，防止熔渣流到铁液前面。熔池也应控制成椭圆形，一般采用右焊法，焊条与工作表面呈 70°。

8）立焊。立焊时，铁液与熔渣易分离。要防止熔池温度过高。铁液下坠形成焊瘤。操作时焊条与垂直面形成 60°～80°角，使电弧略向上，吹向熔池中心。焊第一道时，应压住电弧向上运条，同时作较小的横向摆动，其余各层用半圆形横向摆动加挑弧法向上焊接。

9）横焊。焊条倾斜 70°～80°，防止铁液受自重作用坠到坡口上。运条到上坡口处不作运弧停顿，迅速带到下坡口根部作微小横拉稳弧动作，依次匀速进行焊接。

10）仰焊。仰焊时宜用小电流短弧焊接，熔池宜薄，应确保与母材熔合良好。第一层焊缝用短电弧做前后推拉动作,焊条与焊接方向呈80°~90°角。其余各层焊条横摆,并在坡口侧略停顿稳弧,保证两侧熔合。

3. 接头形式

（1）帮条焊

帮条焊时,应采用双面焊,如图2-37（a）所示。不能进行双面焊时,可采用单面焊,如图2-37（b）所示。这是因为采用双面焊时,接头中应力传递对称、平衡,受力性能良好,如采用单面焊,则较差。

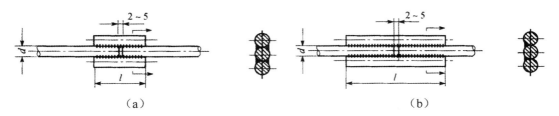

图 2-37 钢筋帮条焊接头

（a）双面焊；（b）单面焊

d—钢筋直径；l—帮条长度

帮条长度 l 见表 2-17,若帮条强度等级代号与主筋相同时,帮条直径可以与主筋相同或小一个规格。若帮条直径与主筋相同时,帮条强度等级代号可与主筋相同或低一个强度等级代号。

表 2-17   钢 筋 帮 条 长 度

钢筋强度等级代号	焊 缝 形 式	帮 条 长 度 l
HPB300	单面焊	≥8d
	双面焊	≥4d
HRB335、HRBF335 HRB400、HRBF400 HRB500、HRBF500、RRB400W	单面焊	≥10d
	双面焊	≥5d

注 d 为主筋直径。

（2）搭接焊

搭接焊时,宜采用双面焊,如图2-38（a）所示。当不能进行双面焊时,可采用单面焊,如图2-38（b）所示。搭接长度可与表2-17帮条长度相同。

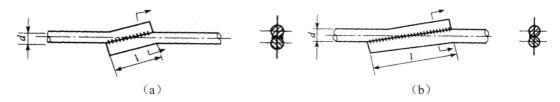

图 2-38 钢筋搭接焊接头

（a）双面焊；（b）单面焊

d—钢筋直径；l—搭接长度

（3）帮条焊接头与搭接焊接头的焊缝

帮条焊接头或搭接焊接头的焊缝有效厚度 S 不应小于主筋直径的 30%；焊缝宽度 b 不应小

于主筋直径的 80%，如图 2－39 所示。

（4）帮条焊接头与搭接焊接头的规定

帮条焊或搭接焊时，钢筋的装配和焊接应符合下列规定：

1）帮条焊时，两主筋端面的间隙应为 2mm～5mm。

2）搭接焊时，焊接端钢筋宜预弯，并应使两钢筋的轴线在同一直线上。

3）帮条焊时，帮条与主筋之间应用四点定位焊固定；搭接焊时，应用两点固定；定位焊缝与帮条端部或搭接端部的距离宜大于或等于 20mm。

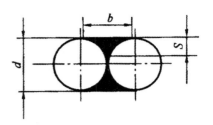

图 2－39　焊缝尺寸示意
d—钢筋直径；b—焊缝宽度；
S—焊缝有效厚度

4）焊接时，应在帮条焊或搭接焊形成焊缝中引弧；在端头收弧前应填满弧坑，并应使主焊缝与定位焊缝的始端和终端熔合。

（5）坡口焊

坡口焊的准备工作和焊接工艺应符合下列规定，如图 2－40 所示。

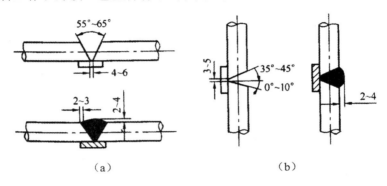

图 2－40　钢筋坡口焊接头
（a）平焊；（b）立焊

1）坡口面应平顺，切口边缘不得有裂纹、钝边和缺棱。

2）坡口角度应在规定范围内选用。

3）钢垫板厚度宜为 4～6mm，长度宜为 40～60mm；平焊时，垫板宽度应为钢筋直径加 10mm；立焊时，垫板宽度宜等于钢筋直径。

4）焊缝的宽度应大于 V 形坡口的边缘 2～3mm，焊缝余高应为 2～4mm，并平缓过渡至钢筋表面。

5）钢筋与钢垫板之间，应加焊二层、三层侧面焊缝。

6）当发现接头中有弧坑、气孔及咬边等缺陷时，应立即补焊。

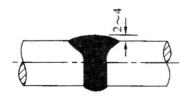

图 2－41　钢筋窄间隙焊接头

（6）窄间隙焊

窄间隙焊应用于直径为 16mm 及以上钢筋的现场水平连接。焊接时，钢筋端部应置于铜模中，并应留出一定间隙，连续焊接，熔化钢筋端面，使熔敷金属填充间隙并形成接头，如图 2－41 所示。其焊接工艺应符合下列规定。

1）钢筋端面应平整。

2）宜选用低氢型焊接材料。

3）从焊缝根部引弧后应连续进行焊接，左右来回运弧，在钢筋端面处电弧应少许停留，并使熔合。

4）当焊至端面间隙的 4/5 高度后，焊缝逐渐扩宽；当熔池过大时，应改连续焊为断续焊，避免过热。

5）焊缝余高应为 2～4mm，且应平缓过渡至钢筋表面。

（7）熔槽帮条焊

熔槽帮条焊应用于直径 20mm 及以上钢筋的现场安装焊接。焊接时应加角钢做垫板模。接头形式如图 2-42 所示，角钢尺寸和焊接工艺应符合下列规定：

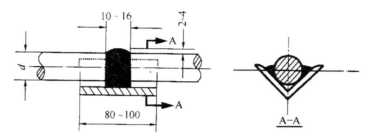

图 2-42　钢筋熔槽帮条焊接头

1）角钢边长宜为 40～70mm。

2）钢筋端头应加工平整。

3）从接缝处垫板引弧后应连续施焊，并应使钢筋端部熔合，防止产生未焊透、气孔或夹渣。

4）焊接过程中应及时停焊清渣；焊平后，再进行焊缝余高的焊接，其高度应为 2～4mm。

5）钢筋与角钢垫板之间，应加焊侧面焊缝 1～3 层，焊缝应饱满，表面应平整。

（8）预埋件钢筋电弧焊 T 形接头

预埋件钢筋电弧焊 T 形接头可分为角焊和穿孔塞焊两种，如图 2-43 所示，装配和焊接时，应符合下列规定：

1）当采用 HPB300 钢筋时，角焊缝焊脚尺寸（K）不得小于钢筋直径的 50%；采用其他牌号钢筋时，焊脚尺寸（K）不得小于钢筋直径的 60%。

2）施焊中，不得使钢筋咬边和烧伤。

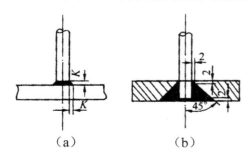

（a）　　　　　（b）

图 2-43　预埋件钢筋电弧焊 T 形接头
K—焊脚尺寸
（a）角焊；（b）穿孔塞焊

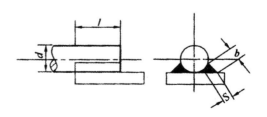

图 2-44　钢筋与钢板搭接焊接头
d—钢筋直径；l—搭接长度；b—焊缝宽度；
S—焊缝有效厚度

(9) 钢筋与钢板搭接的焊接头

钢筋与钢板搭接焊时，焊接接头如图 2 - 44 所示，应符合下列规定。

1) HPB300 钢筋的搭接长度（l）不得小于 4 倍钢筋直径，其他牌号钢筋搭接长度（l）不得小于 5 倍钢筋直径。

2) 焊缝宽度不得小于钢筋直径的 60%，焊缝有效厚度不得小于钢筋直径的 35%。

◆ 钢筋电弧焊的设备

1. 电源种类

焊条电弧焊设备按电源种类分为交流焊机和直流焊机。与交流电源相比，直流电源能提供稳定的电弧和平稳的熔滴过渡。一旦电弧被引燃，直流电弧能保持连续燃烧；而采用交流电源焊接时，由于电流和电压方向的改变，并且每秒钟电弧要熄灭及重新引燃 120 次，电弧不能连续稳定燃烧。在焊接电流较低的情况下，直流电弧对熔化的焊缝金属有很好的润湿作用，并且能规范焊道尺寸，所以非常适合于焊接薄件。直流电源比交流电源更适合于仰焊及立焊，因为直流电弧比较短。

但有时直流电源的电弧偏吹是一个突出问题，解决的办法是变换为交流电源。对于为交流电源或直流电源焊接而设计的交、直流两用焊条，绝大多数在直流电源条件下的焊接应用效果更好。焊条电弧焊中，交流电焊机及其一些附加装置价格低廉，能尽可能避免电弧吹力的有害作用。但除了设备成本较低外，采用交流电源焊接时的效果不如直流电源。

具有陡降特性的弧焊电源最适合于焊条电弧焊。与电流变化相对应的电压变化表明，随着电弧长度的增加，电流逐渐减小。这种特性即使焊工控制了熔池的尺寸，也限制了电弧电流的最大值。当焊工沿着焊件移动焊条时，电弧长度不断发生变化是难免的，而陡降特性的弧焊电源确保了这些变化过程中电弧的稳定性。

2. 电焊钳

夹持焊条用夹持器。表 2 - 18 中是常用焊钳的型号和规格。

表 2 - 18　　　　　　　　　常用电焊钳型号和规格

型　号	能安全通过的最大电流/A	焊接电缆孔径/mm	适用的焊条直径/mm	重量/kg	长×宽×高/mm
G - 352	300	$\phi14$	2～5	0.5	250×40×80
G - 582	500	$\phi18$	4～8	0.7	200×45×100

3. 面罩

通用面罩有两种，手持式（盾式）和盔式（头戴式）。在两种面罩视窗部分均装有护目黑玻璃，常用黑玻璃护目片规格见表 2 - 19。

表 2 - 19　　　　　　　　　常用黑玻璃护目片规格

色　号	7～8	9～10	11～12
颜色深度	较浅	中等	较深
适用焊接电流范围/A	<100	100～350	≥350
尺寸/mm	2×50×107	2×50×107	2×50×107

4. 焊条电弧焊焊条规格

焊条直径指焊条药皮内金属芯棒的直径，目前焊条直径规格共有七种（$\phi1.6$～$\phi5.8$），根据需方要求,允许通过协议供应其他尺寸的焊条。焊条长度依据焊条直径、材质、药皮类型来确定,碳钢和低合金钢焊条规格见表 2 - 20。

表 2 - 20   碳钢和低合金钢焊条规格

焊条直径/mm	焊 条 长 度/mm		
	碳钢焊条	低合金钢焊条	允许长度偏差
1.6	200～250	—	
2.0	250～350	250～350	
2.5	250～350	250～350	
3.2(3.0)	350～450	350～450	
4.0	350～450	350～450	±2.0
5.0	400～450	350～450	
6.0(5.8)	450～700	450～700	
8.0	450～700	450～700	

注 括号内数字为允许代用的直径。

5. 焊条药皮成分

焊条药皮主要由稳弧剂、脱氧剂、造渣剂及黏结剂等组成。某些焊条药皮中还适量加入合金剂,以改善焊缝力学性能。在焊接过程中的冶金反应及焊条的工艺性能,取决于药皮成分和配比。同一类型焊条的牌号不同,药皮成分和配比则不相同,其焊接性能也存在差异。药皮应无裂缝、气孔、凹凸不平等缺陷,并不得有肉眼看得出的偏心度。

6. 变压器

BX1 系列的弧焊变压器包括 BX1 - 200 型、BX1 - 300 型、BX1 - 400 型和 BX1 - 500 型等多种型号。

(1) BX1 - 300 型弧焊变压器结构

BX1 - 300 型弧焊变压器结构原理如图 2 - 45 所示,其初级绕组及次级绕组均一分为二,制成盘形或筒形,应分别绕在上、下铁轭上。初级上、下两组串联之后,再接入电源。次级是上、下两组并联之后,接入负载,中间为动铁心,可内外移动,以调节焊接电流。

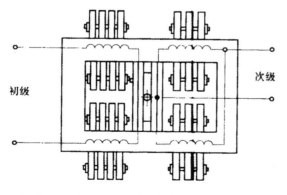

图 2 - 45 BX1 - 300 型弧焊变压器结构原理图

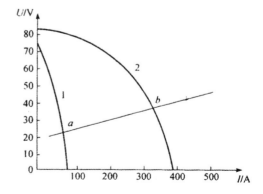

图 2 - 46 BX1 - 300 型弧焊变压器外特性曲线

(2) 外特性

BX1 - 300 型弧焊变压器的外特性如图 2 - 46 所示,外特性曲线、所包括的面积,是焊接参数可调范围。从电弧电压与焊接电流的关系曲线及外特性相交点 a、b 可见,焊接电流可调范围

是 $75 \sim 360A$。

（3）特点

1）这类弧焊变压器的电流调节较方便，仅移动铁心即可，从最里移到最外，外特性从曲线 1 变到曲线 2，电流可在 $75 \sim 360A$ 范围内连续变化，范围足够宽广。

2）外特性曲线陡降比较大，焊接过程较稳定，工艺性能好，空载电压较高（$70 \sim 80V$），可用低氢型碱性焊条进行交流施焊，确保焊接质量。

3）动铁心上、下是斜面，包括两个对称的空气隙，其上所受磁力的水平分力，使动铁心与传动螺杆有单向压紧作用，使振动进一步减小，而且噪声较小，焊接过程较稳定。

4）因为漏抗代替电抗器，且其采用梯形动铁心，不但省去了换挡抽头的麻烦，使用更加方便，而且节省原材料消耗。

该种焊机结构简单，制造容易，维护使用方便。由于制造厂的不同，各种型号焊机的技术性能有所差异。

◆ **钢筋电弧焊接头的质量检验**

钢筋电弧焊接头质量检验标准及方法，详见表 2-21。

表 2-21　　　　　　　　　钢筋电弧焊接头质量标准及检验方法

项次	项目	质量要求及检验	取 样 数 量
1	外观检查	钢筋电弧焊接头外观检查结果，应符合下列要求： 1）焊缝表面应平整，不得有凹陷或焊瘤 2）焊接接头区域不得有裂纹 3）坡口焊、熔槽帮条焊接头的焊缝余高不得大于 3mm 4）预埋件 T 形接头的钢筋间距偏差不应大于 10mm，钢筋相对钢板的直角偏差不得大于 4° 外观检查不合格的接头，经修整或补强后，可提交二次验收	电弧焊接头外观检查，应在清查后逐个进行目测或量测。当进行力学性能试验时，应按下列规定抽取试件： 1）以 300 个同一接头形式、同一钢筋级别的接头作为一批，从成品中每批随机切取 3 个接头进行拉伸试验 2）在装配式结构中，可按生产条件制作模拟构件
2	拉伸试验	钢筋电弧焊接头拉伸试验结果，应符合下列要求： 1）3 个热轧钢筋接头试件的抗拉强度均不得小于该级别钢筋规定的抗拉强度 2）3 个接头试件均应断于焊缝之外，并应至少有 2 个试件呈延性断裂 当试验结果有一个试件的抗拉强度小于规定值，或有 1 个试件断于焊缝，或有两个试件发生脆性断裂时，应再取 6 个试件进行复验。复验结果当有一个试件抗拉强度小于规定值，或有一个试件断于焊缝，或有 3 个试件呈脆性断裂时，应确认该批接头为不合格品 模拟试件试验结果不符合要求时，复验应再从成品中切取，其数量和要求应与初始试验时相同	

【实例】

【例 2-9】　某地新建医疗大楼，建筑面积是 $51000m^2$，地上 15 层，地下 2 层。地下室底板长是 122m，宽是 $25 \sim 35m$，为不规则多边形。底板厚度是 1.2m，上、下两层钢筋网，钢筋间距为 150mm，为原 Ⅱ 级钢筋，直径是 25mm。

为了节约钢筋，加快施工进度，钢筋连接采用闪光对焊及窄间隙电弧焊相结合的办法。首先在钢筋加工厂用闪光对焊接长至约 20m，运到工地，再用塔吊运到地下室地板位置，采用窄间隙电弧焊连接，共焊接接头 4584 个。

焊接设备采用了交流节能弧焊机，焊条采用了 $\phi4$ 结 606 低氢型焊条，采用自控远红外电焊条烘干箱烘焙，保温筒保温。

每天投入焊工 2~3 名、辅助工 4~6 名，实际施焊约 20 天。

焊成后，120m 长的钢筋就像 1 根钢筋，网格整齐美观。11 批试件抽样检查，每批 3 个拉伸、3 个正弯、3 个反弯，共 9 个试件，全部合格。

该工程原设计是搭接 35d（d 为钢筋直径），两端各焊 3 天。现改用窄间隙电弧焊，共节约钢筋 15.35t，价值 5.83 万元，平均每个接头节约 12.72 元，每个焊工节约 1.17 万元。

【例 2-10】 某发电厂工程，施工中，钢筋混凝土均采用预制构件梁、柱的框架结构。在安装中均采用钢筋坡口焊，大大提高了施工速度及工程进度。

电厂工程使用了原Ⅱ、Ⅲ级钢筋，包括：20MnSi、20MnSiNb、20MnSiV 等，钢筋直径（mm）有 22、25、28 及 32。为了确保质量，选用了 E5015 直流低氢型焊条，施焊时，采用直流反接，焊条直径为 3.2mm 和 4.0mm。

焊接设备采用了 AX-500 旋转极式直流弧焊机。电厂的框架高达 60m，中间有好几个节点，焊接电缆有时长达 100m，对焊接电流适当调高。

柱间节点是钢筋坡口立焊，梁柱节点是钢筋坡口平焊。

钢筋坡口尺寸、钢垫板尺寸、焊条烘焙、施焊工艺等均按照规程、规定进行。

采用 $\phi3.2$ 焊条时，焊接电流约为 110A，采用 $\phi4.0$ 焊条时，约为 160A，平焊时，焊接电流稍大。无论平焊、立焊，都由 2 名或 4 名焊工对称施焊，每焊完一层，清渣干净。为了减少过热，几个接头轮流施焊，多层多道焊，保证道间温度。并注意坡口边充分熔化；坡口接头焊满后，再在焊缝上薄薄施焊一圈，形成平缓过渡。加强焊缝高度均不大于 3mm，垫板与钢筋之间焊牢。

现场设专人调整焊接电流大小，烘干焊条，当天做了原始记录、气象记录。焊条烘干后，装入保温筒，带至现场使用。

施焊时，采用短弧，摆动小，手法稳，避免空气侵入，焊接速度均匀、适当，断弧干脆，弧坑已填满。

该公司采用钢筋坡口焊，焊接接头多达 15 万个。这些厂房现已投入使用，运行良好。实践证明，钢筋坡口焊是目前装配式框架节点中不可缺少的焊接方法，不仅节约钢筋，而且施工速度快，在建筑施工中带来良好的经济效益。

【例 2-11】 某大学文科楼工程中，在梁中水平钢筋位置中采用单面搭接电弧焊接头共 7000个，钢筋直径为 $\phi16$~$\phi32$，搭接长度为 10d，采用 E5003 焊条，经抽样检验，抗拉强度全部合格，绝大部分试件断于母材，少数断于搭接端部。

2.5 钢筋电渣压力焊

常遇问题

1. 焊剂应该如何选择？对钢筋电渣压力焊都有什么作用？
2. 钢筋电渣压力焊焊接头都会有哪些缺陷？应该如何防止？

【连接方法】

◆钢筋电渣压力焊的基本原理

电渣压力焊的焊接过程包括四个阶段：引弧过程、电弧过程、电渣过程和顶压过程。

焊接开始时，首先在上、下两钢筋端面之间引燃电弧，使电弧周围焊剂熔化形成空穴，随之焊接电弧在两钢筋之间燃烧，电弧热将两钢筋端部熔化，熔化的金属形成熔池，熔融的焊剂形成熔渣（渣池），覆盖于熔池之上，此时，随着电弧的燃烧，上、下两钢筋端部逐渐熔化，将上钢筋不断下送，以保持电弧的稳定，继续电弧过程。随着电弧过程的延续，两钢筋端部熔化量增加，熔池和渣池加深，待达到一定深度时，加快上钢筋的下送速度，使其端部直接与渣池接触，这时电弧熄灭，而变电弧过程为电渣过程；待电渣过程产生的电阻热使上、下两钢筋的端部达到全截面均匀加热的时候，迅速将上钢筋向下顶压，挤出全部熔渣和液态金属，随即切断焊接电源，完成焊接工作。

◆钢筋电渣压力焊的特点

竖向钢筋电渣压力焊，实际是一种综合焊接方法，同时具有埋弧焊、电渣焊和压力焊 3 种焊接方法的特点。

在钢筋电渣压力焊过程中，进行着一系列的冶金过程和热过程。熔化的液态金属与熔渣进行着氧化、还原、掺合金、脱氧等化学冶金反应，两钢筋端部经受电弧过程和电渣过程热循环的作用，部分焊缝呈柱状树枝晶，这是熔化焊的特征。最后，液态金属被挤出，使焊缝区很窄，这是压力焊的特征。

钢筋电渣压力焊属熔化压力焊范畴，这种焊接方法比电弧焊节省钢材、工效高、成本低，适用于现浇钢筋混凝土结构中竖向或斜向（倾斜度在 4∶1 范围内）钢筋的连接。

钢筋电渣压力焊在供电条件差、电压不稳、雨季或防火要求高的场合应慎用。

◆钢筋电渣压力焊的适用范围

钢筋电渣压力焊适用于直径为 14～32mm 的 HPB300、HRB335、HRB400 级热轧钢筋的现浇钢筋混凝土结构中竖向或斜向钢筋的连接，特别是对于高层建筑的柱、墙钢筋，应用尤为广泛。其中斜向钢筋的倾斜度在 4∶1 的范围内。

◆钢筋电渣压力焊的工艺

1. 工艺流程

检查设备、电源→钢筋端头制备→选择焊接参数→安装焊接夹具和钢筋→安放铁丝球（也可省去）→安放焊剂罐、填装焊剂→试焊、做试件→确定焊接参数→施焊→回收焊剂→卸下夹具→质量检查。

电渣压力焊的工艺过程：

闭合电路→引弧→电弧过程→电渣过程→挤压断电。

2. 操作要求

电渣压力焊的工艺过程和操作应符合下列要求：

1）焊接夹具的上下钳口应夹紧于上、下钢筋的适当位置，钢筋一经夹紧，不得晃动，且两钢筋应同心。

2）引弧可采用直接引弧法或铁丝圈（焊条芯）间接引弧法。

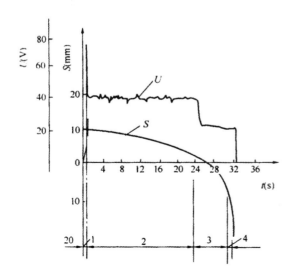

图 2-47 φ8mm 钢筋电渣压力焊工艺过程图示
U—焊接电压;S—上钢筋位移;t—焊接时间;
1—引弧过程;2—电弧过程;
3—电渣过程;4—顶压过程

3)引燃电弧后,应先进行电弧过程,然后,加快上钢筋下送速度,使上钢筋端面插入液态渣池约 2mm,转变为电渣过程,最后在断电的同时,迅速下压上钢筋,挤出熔化金属和熔渣,如图 2-47 所示。

4)接头焊毕,应稍作停歇,才可回收焊剂和卸下焊接夹具;敲去渣壳后,四周焊包凸出钢筋表面的高度,当钢筋直径为 25mm 及以下时不得小于 4mm;当钢筋直径为 28m 及以上时不得小于 6mm。

3. 电渣压力焊参数

电渣压力焊焊接参数应包括焊接电流、焊接电压和焊接通电时间;采用 HJ431 焊剂时,宜符合表 2-22 的规定。采用专用焊剂或自动电渣压力焊机时,应根据焊剂或焊机使用说明书中推荐数据,通过试验确定。

表 2-22　　　　　　　　　　　电渣压力焊焊接参数

钢筋直径/mm	焊接电流/A	焊接电压/V		焊接通电时间/s	
		电弧过程 $u_{2.1}$	电渣过程 $u_{2.2}$	电弧过程 t_1	电渣过程 t_2
12	280~320			12	2
14	300~350			13	4
16	300~350			15	5
18	300~350			16	6
20	350~400	35~45	18~22	18	7
22	350~400			20	8
25	350~400			22	9
28	400~450			25	10
32	450~500			30	11

4. 钢筋电渣压力焊接头焊接缺陷与消除措施

1)在钢筋电渣压力焊生产中,应重视焊接全过程中的任何一个环节。接头部位应清理干净;钢筋安装应上下同心;夹具紧固,严防晃动;引弧过程,力求可靠;电弧过程,延时充分;电渣过程,短而稳定;挤压过程,压力适当。若出现异常现象,应参照表 2-23 查找原因,及时清除。

表 2-23　　　　　　　　　钢筋电渣压力焊接头焊接缺陷与消除措施

项次	焊接缺陷	产 生 原 因	消 除 措 施
1	轴线偏移	①钢筋端头歪斜 ②夹具和钢筋未安装好 ③顶压力太大 ④夹具变形	①矫直钢筋端部 ②正确安装夹具和钢筋 ③避免过大的挤压力 ④及时修理或更换夹具

项次	焊接缺陷	产　生　原　因	消　除　措　施
2	弯折	①钢筋端部弯折 ②上钢筋未夹牢放正 ③拆卸夹具过早 ④夹具损坏松动	①矫直钢筋端部 ②注意安装与扶持上钢筋 ③避免焊后过快卸夹具 ④修理或更换夹具
3	咬边	①焊接电流太大 ②焊接通电时间太长 ③上钢筋顶压不到位	①减小焊接电流 ②缩短焊接时间 ③注意上钳口的起点和止点，确保上钢筋挤压到位
4	未焊合	①焊接电流太小 ②焊接通电时间不足 ③上夹头下送不畅	①增大焊接电流 ②避免焊接时间过短 ③检修夹具，确保上钢筋下送自如
5	焊包不匀	①钢筋端面不平整 ②焊剂填装不匀 ③钢筋熔化量不足	①钢筋端面力求平整 ②填装焊剂尽量均匀 ③延长焊接时间，适当增加熔化量
6	烧伤	①钢筋夹持部位有锈 ②钢筋未夹紧	①钢筋导电部位除净铁锈 ②尽量夹紧钢筋
7	焊包下淌	①焊剂筒下方未堵严 ②回收焊剂太早	①彻底封堵焊剂罐的漏孔 ②避免焊后过快回收焊剂

2) 电渣压力焊可在负温条件下进行，但当环境温度低于—20℃时，则不应进行施焊。雨天、雪天不应进行施焊，一定要施焊时，须采取有效的遮蔽措施。焊后未冷却的接头，须避免碰到冰雪。

5. 焊剂

(1) 焊剂的作用

在钢筋电渣压力焊过程中，焊剂起了下述的十分重要的作用：

1) 焊剂熔化后产生气体和熔渣，保护电弧和熔池，保护焊缝金属，更好地防止氧化和氮化。

2) 减少焊缝金属中元素的蒸发和烧损。

3) 使焊接过程稳定。

4) 具有脱氧和掺合金的作用，使焊缝金属获得所需要的化学成分和力学性能。

5) 焊剂熔化后形成渣池，电流通过渣池产生大量的电阻热。

6) 包托被挤出的液态会属和熔渣，使接头获得良好成形。

7) 渣壳对接头有保温缓冷作用。因此，焊剂十分重要。

(2) 对焊剂的基本要求

1) 保证焊缝金属获得所需要的化学成分和力学性能。

2) 保证电弧燃烧稳定。

3) 对锈、油及其他杂质的敏感性要小，硫、磷含量要低，以保证焊缝中不产生裂纹和气孔等缺陷。

4) 焊剂在高温状态下要有合适的熔点和黏度以及一定的熔化速度，以保证焊缝成形良好。焊后有良好的脱渣性。

5）焊剂在焊接过程中不应析出有毒气体。

6）焊剂的吸潮性要小。

7）具有合适的黏度，焊剂的颗粒要具有足够的强度，以保证焊剂的多次使用。

（3）焊剂的分类和牌号编制方法

焊剂牌号编制方法，按照前企业标准：在牌号前加"焊剂"（HJ）二字；牌号中第一位数字表示焊剂中氧化锰含量，见表2-24；牌号中第二位数字表示焊剂中二氧化硅和氟化钙的含量，见表2-25；牌号中第三位数字表示同一牌号焊剂的不同、品种，按0、1、2……9顺序排列。同一牌号焊剂具有两种不同颗粒度时，在细颗粒焊剂牌号后加"细"字表示。

表 2-24　　　　　　　　　　焊剂牌号、类型和氧化锰含量

牌　　号	类　　型	氧化锰含量（%）
焊剂 1××	无锰	≤2
焊剂 2××	低锰	2～15
焊剂 3××	中锰	15～30
焊剂 4××	高锰	>30
焊剂 5××	陶质型	—
焊剂 6××	烧结型	—

表 2-25　　　　　　　　焊剂牌号、类型和二氧化硅、氟化钙含量

牌　　号	类　　型	二氧化硅含量（%）	氟化钙含量（%）
焊剂 ×1××	低硅低氟	<10	<10
焊剂 ×2××	中硅低氟	10～30	<10
焊剂 ×3××	高硅低氟	>30	<10
焊剂 ×4××	低硅中氟	<10	10～30
焊剂 ×5××	中硅中氟	10～30	10～30
焊剂 ×6××	高硅中氟	>30	10～30
焊剂 ×7××	低硅高氟	<10	>30
焊剂 ×8××	中硅高氟	10～30	>30

（4）几种常用焊剂及其组成成分（表2-26）

表 2-26　　　　　　　　　　常用焊剂的组成成分（%）

焊剂牌号	SiO_2	CaF_2	CaO	MgO	Al_2O_3	MnO	FeO	K_2O+Na_2O	S	P
焊剂 330	44～48	3～6	≤3	16～20	≤4	22～26	≤1.5	—	≤0.08	≤0.08
焊剂 350	30～55	14～20	10～18	—	13～18	14～19	≤1.0	—	≤0.06	≤0.06
焊剂 430	38～45	5～9	≤6	—	≤5	38～47	≤1.8	—	≤0.10	≤0.10
焊剂 431	40～44	3～6.5	≤5.5	5～7.5	≤4	34～38	≤1.8	—	≤0.08	≤0.08

焊剂330和焊剂350均为熔炼型中锰焊剂。前者呈棕红色玻璃状颗粒，粒度为8～40目（0.4～3mm）；后者呈棕色至浅黄色玻璃状颗粒，粒度为8～40目（0.4～3mm）及14～80目（0.25～1.6mm）。焊剂431和焊剂430均为熔炼型高锰焊剂。前者呈棕色至褐绿色玻璃颗粒，粒度为8～40目（0.4～3mm）；后者呈棕色至褐绿色玻璃状颗粒，粒度为8～40目（0.4～

3mm）及 14～80 目（0.25～1.6mm）。上述四种焊剂均可交直流两用。现在施工中，常用的是 HJ431。HJ431 是高锰高硅低氟熔炼型焊剂。

焊剂若受潮，使用前必须烘焙，以防止产生气孔等缺陷，烘焙温度一般为 250℃，保温 1～2h。

（5）国家标准焊剂型号

现行国家标准《埋弧焊用低合金钢焊丝和焊剂》（GB/T 12470—2003）中有许多具体规定，但是应该指出，进行埋弧焊时需要加入填充焊丝；而在钢筋电渣压力焊中，不加填充焊丝，这两者有一定差别。所以在现行行业标准《钢筋焊接及验收规程》（JGJ 18—2012）及焊接生产中仍使用前企业标准提出的牌号，例如，HJ431 焊剂。

（6）钢筋电渣压力焊专用焊剂

钢筋电渣压力焊专用焊剂 HL801（哈陵 801）。该种焊剂属中锰中硅低氟熔炼型焊剂，其化学成分见表 2-27。

表 2-27　　　　　　　　　　　　　HL801 焊剂成分配比（%）

SiO_2+MnO	$Al_2O_3+TiO_2$	$CaO+MgO$	CaF_2	FeO	P	S
>60	<18	<15	5～10	3.5	≤0.08	≤0.06

通过焊接试验，对工艺参数做适当调整，可以进一步改善焊接工艺性能，起弧容易，利用钢筋本身接触起弧，正确操作时可一次性起弧；电弧过程、电渣过程稳定；能使用较小功率的焊机焊接较大直径的钢筋，例如，配备 BX3-630 焊接变压器可以焊接直径为 32mm 钢筋；渣包及焊包成型好，脱渣容易，轻敲即可全部脱落，焊包大小适中、包正、圆滑、明亮，无夹渣、咬边、气孔等缺陷。

◆钢筋电渣压力焊的设备

1. 钢筋电渣压力焊机分类

（1）焊机型式

钢筋电渣压力焊机按整机组合方式可分为同体式（T）和分体式（F）两类。

1）分体式焊机主要包括：焊接电源（即电弧焊机）、焊接夹具、控制箱三部分；此外，还有控制电缆、焊接电缆等附件。焊机的电气监控装置的元件分两部分，一部分装于焊接夹具上称监控器（或监控仪表），另一部分装于控制箱内。

2）同体式焊机是将控制箱的电气元件组装于焊接电源内，另加焊接夹具以及电缆等附件。

两种类型的焊机各有优点，分体式焊机便于建筑施工单位充分利用现有的电弧焊机，可节省一次性投资；也可同时购置电弧焊机，这样比较灵活。

同体式焊机便于建筑施工单位一次投资到位，购入即可使用。

（2）钢筋电渣压力焊机分类

按操作方式可分成手动式（S）和自动式（Z）两种。

1）手动式（半自动式）焊机使用时，是由焊工揿按钮，接通焊接电源，将钢筋上提或下送，引燃电弧，再缓缓地将上钢筋下送，至适当时候，根据预定时间所给予的信号（时间显示管显示、蜂鸣器响声等），加快下送速度，使电弧过程转变为电渣过程，最后用力向下顶压，切断焊接电源，焊接结束。因有自动信号装置，故有的称半自动焊机。

2）自动焊机使用时，是由焊工揿按钮，自动接通焊接电源，通过电动机使上钢筋移动，引燃电弧。接着，自动完成电弧、电渣及顶压过程，并切断焊接电源。

由于钢筋电渣压力焊是在建筑施工现场进行，即使焊接过程是自动操作，但是，钢筋安放、装卸焊剂等，均需辅助工操作。这与工厂内机器人自动焊，还有很大差别。

这两种焊机各有特点，手动焊机比较结实、耐用，焊工操作熟练后，也很方便。自动焊机可减轻焊工劳动强度，生产效率高，但线路稍为复杂。

（3）钢筋电渣压力焊机型号表示方法

钢筋电渣压力焊机型号采用汉语拼音及阿拉伯数字表示，编排次序如图 2-48 所示。

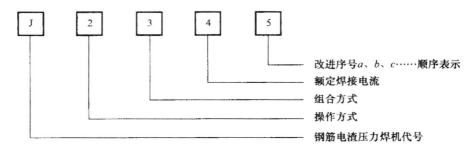

图 2-48　钢筋电渣压力焊机型号表示方法

1、2、3、5 项用汉语拼音表示；4 项用阿拉伯数字表示

（4）焊机规格　根据焊机的额定电流和所能焊接的钢筋直径分为 2 种规格，见表 2-28。

表 2-28 焊 机 规 格

规　格	J××500	J××630
额定电流/A	500	630
焊接钢筋直径/mm	28 及以下	32 及以下

2. 钢筋电渣压力焊机基本技术要求

1）焊机应按规定程序批准的图样及技术文件制造。

2）焊机的供电电源：额定频率为 50Hz，额定电压为 220V 或 380V。有特殊要求的焊机则应符合协议书所规定的频率和电压。

3）焊机应能保证在 -10~+40℃ 的环境温度，电网电压波动范围在 -5%~+10%（频率波动范围为 ±1%）的条件下正常工作。

4）焊机的表面应美观整洁，外壳、零部件均应做涂料、防氧化等表面处理。

5）焊机零部件的安装与连接线应安装可靠，焊接牢固，在正常运输和使用过程中不得松动、脱落。

6）焊机使用的原材料及外购件均应符合有关标准的规定。

7）焊机的焊接电缆、控制电缆以及焊接电压表的插接件应符合现行国家的相关规定。

8）焊机应有良好的接地装置，接地螺钉直径不得小于 8mm。

9）焊机应能成套供应，同类产品的零部件应具有互换性。

3. 焊接电源

为焊接提供电源并具有适合钢筋电渣压力焊焊接工艺所要求的一种装置。电源输出可为交流或直流。

1）焊接电源宜专门设计制造，在额定电流状态下，负载持续率不低于 60%，空载电压为 80^0_{-200} V。

2）若采用标准弧焊变压器作为焊接电源应有较高的空载电压，宜为 75～80V。

3）焊接电源采用可动绕组调节焊接电流，即动圈式弧焊变乐器时，其他带电元件的安装部位至少与可动绕组间隔 15mm。

4）焊接电源的输入、输出连接线，必须安装牢固可靠，即使发生松脱，应能避免相互之间发生短路。

5）焊接电源外壳防护等级最低为 IP21。

6）应装设电源通断开关及其指示装置。

7）焊接电缆应采用 YH 型电焊机用电缆，单根长度不大于 25m，额定焊接电流与焊接电缆截面面积的关系见表 2 - 29。焊接电源与焊接夹具的连接宜采用电缆快速接头。

表 2 - 29　　　　　　　　　　额定焊接电流与焊接电缆截面面积关系

额定焊接电流/A	500	630
焊接电缆截面面积/mm²	≥50	≥70

8）若采用直流弧焊电源，可用 ZX5 - 630 型晶闸管弧焊整流器或硅弧焊整流器，焊接过程更加稳定。

9）在焊机正面板上，应有焊接电流指示或焊接钢筋直径指示。有些交流电弧焊机，将转换开关Ⅰ档，改写为焊条电弧焊，将Ⅱ档改写为电渣压力焊，操作者更感方便。

4. 焊接夹具

夹持钢筋使上钢筋轴向送进实施焊接的机具。性能要求如下：

1）焊接夹具应有足够的刚度，即在承受夹持 600N 的荷载下，不得发生影响正常焊接的变形。

2）动、定夹头钳口宜能调节，以保证上下钢筋在同一轴线上。

3）动夹头钳口应能上下移动灵活，其行程不小于 50mm。

4）动、定夹头钳口同轴度不得大于 0.5mm。

5）焊接夹具对钢筋应有足够的夹紧力，避免钢筋滑移。

6）焊接夹具两极之间应可靠绝缘，其绝缘电阻应不低于 2.5MΩ。

7）各种规格焊机的焊剂筒内径、高度尺寸应满足表 2 - 30 的规定。

表 2 - 30　　　　　　　　　　　　焊剂筒尺寸（mm）

规　　格		J××500	J××630
焊剂筒	内径/mm	≥100	≥110
	高度/mm	≥100	≥110

注　为了适应 φ12 钢筋焊接的需要，有一种焊剂筒的规格比表中所列更小一些。

8）手动钢筋电渣压力焊机的加压方式有两种：杠杆式和摇臂式。前者利用杠杆原理，将上钢筋上、下移动，并加压；后者利用摇臂，通过伞齿轮，将上钢筋上、下移动，并加压。

9）自动电渣压力焊机的操作方式有两种：

①电动凸轮式。凸轮按上钢筋位移轨迹设计，采用直流微电机带动凸轮，使上钢筋向下移动，并利用自重加压。在电气线路上，调节可变电阻，改变晶闸管触发点和电动机转速，从而改变焊接通电时间，满足各不同直径钢筋焊接的需要。

②电动丝杠式。采用直流电动机，利用电弧电压、电渣电压、负反馈控制电动机转向和转速，通过丝杠将上钢筋向上、下移动并加压，电弧电压控制在 35～45V，电渣电压控制在 18～22V。根据钢筋直径选用合适的焊接电流和焊接通电时间。焊接开始后，全部过程自动完成。

目前生产的自动电渣压力焊机主要是电动丝杠式。

5. 电气监控装置

指显示和控制各项参数与信号的装置。

1）电气监控装置应能保证焊接回路和控制系统可靠工作，平均无故障工作次数不得少于1000 次。

2）监控系统应具有充分的可维修性。

3）对于同时能控制几个焊接夹具的装置应具备自动通断功能，防止误操作。

4）监控装置中各带电回路与地之间（不直接接地回路）绝缘电阻应不低于 2.5MΩ。由电子元器件组成的电子电路，按电子产品相关标准规定执行。

5）操纵按钮与外界的绝缘电阻应不低于 2.5MΩ。

6）监视系统的各类显示仪表其准确度不低于 2.5 级。

7）采用自动焊接时，动夹头钳口的位移应满足"电弧过程、电渣过程分阶段控制"的工艺要求。

8）焊接停止时应能断开焊接电源，应设置"急停"装置，供焊接中遇有特殊情况时使用。

9）常用手动电渣压力焊机的电气原理，如图 2-49 所示。

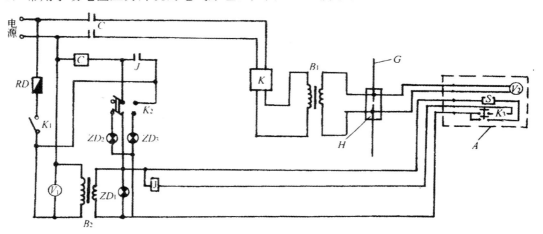

图 2-49　常用手动电渣压力焊机电气原理图

K—电流粗调开关；K_1—电源开关；K_2—转换开关；K_3—控制开关；B_1—弧焊变压器；

B_2—控制变压器；J—通用继电器；ZD_1—电源指示灯；ZD_2—电渣压力焊指示灯；

ZD_3—焊条电弧焊指示灯；V_1—初级电压表；V_2—次级电压表；S—时间显示器；

H—焊接夹具；C—交流接触器；RD—熔断器；G—钢筋；A—监控器

6. 半自动钢筋电渣压力焊机外形

常用半自动钢筋电渣压力焊机外形如图 2-50 所示，其中有的焊机包括焊接电源，有的不包括焊接电源。

7. 全自动钢筋电渣压力焊机外形

全自动钢筋电渣压力焊机如 ZDH-36 型全自动电渣压力焊机、HDZ-630Ⅰ型焊机以及 HDZ-630Ⅱ型焊机。其中 HDZ-630Ⅰ型焊机外形，如图 2-51 所示。

图 2-50 两种半自动钢筋电渣压力焊机

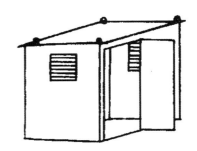

图 2-51 HDZ-630Ⅰ型焊机　　　图 2-52 钢筋电渣压力焊机活动房

8. 辅助设施

钢筋电渣压力焊常用于高层建筑。在施工中，可自制活动小房，将整套焊接设备、辅助工具、焊剂等放于房内，随着楼层上升上提，如图 2-52 所示。

小房内壁安装电源总闸，房顶小坡，两侧有百叶窗，有门可锁，四角有吊环，移动比较方便。

◆钢筋电渣压力焊接头的质量检验

钢筋电渣压力焊接头质量标准及检验方法，见表 2-31。

表 2-31　　　　　　　　钢筋电渣压力焊接头质量标准及检验方法

项次	项目	质量要求及检验	取 样 数 量
1	外观检查	1) 四周焊包凸出钢筋表面的高度应大于或等于 4mm 2) 钢筋与电极接触处，应无烧伤缺陷 3) 接头处的弯折角不得大于 4° 4) 接头处的轴线偏移不得大于钢筋直径 0.1 倍，且不得大于 2mm 外观检查不合格的接头应切除重焊，或采用补强焊接措施	电渣压力焊接头应逐个进行外观检查。当进行力学性能试验时，应从每批接头中随机切取 3 个试件做拉伸试验，且应按下列规定抽取试件： 1) 在一般构筑物中，应以 300 个同级别钢筋接头作为一批 2) 在现浇钢筋混凝土多层结构中，应以每一楼层或施工区段中 300 个同级别钢筋接头作为一批，不足 300 个接头仍应作为一批
2	拉伸试验	电渣压力焊接头拉伸试验结果，3 个试件的抗拉强度均不得小于该级别钢筋规定的抗拉强度 当试验结果有 1 个试件的抗拉强度低于规定值时，应再取 6 个试件进行复验。复验结果，当仍有 1 个试件的抗拉强度小于规定值时，应确认该批接头为不合格品	

【实例】

【例 2-12】 在高层建筑现浇钢筋混凝土工程中，大直径钢筋竖向连接是一项工作量大的中间工序，其完成速度的快慢及质量的优劣，直接影响到工程的质量。传统的电弧焊，焊接速度慢、工艺要求高、费用大。随着建筑行业科学与技术的发展，电渣压力焊应用于柱纵向钢筋连接已得到广泛认同。

某公司楼高十五层的工程，柱纵向钢筋直径为 25mm 和 32mm，使用电渣压力焊将钢筋接长，该工程采取如下措施：

（1）按电渣压力焊施焊

安装焊接钢筋→安放垫压引弧铁→缠绕石棉绳装上焊剂盒→装放焊剂→接通电源引弧电压→造渣过程形成渣池→电渣过程钢筋端面熔化→切断电源，顶压钢筋完成焊接→卸出焊剂，拆卸焊盒→拆除夹具。

1）将电源与交流弧焊机、控制器、焊机按厂家提供要求接好。

2）把焊机上的下夹钳夹在固定的钢筋上，把待焊钢筋夹在上夹钳上，扶直钢筋时，上下钢筋的肋要对准。

3）垫压引弧铁，先用石棉绳或石棉布绑一圈后，在上面装焊剂筒，焊剂必须装满，轻轻压实，钢筋置于焊剂筒中心位置。

4）按下机头启动按钮，使焊机通电，反时针方向摇动手柄引弧，如一次引弧不成，将手柄顺时针方向摇动，使两钢筋接触，电压到零时，迅速将手柄反时针方向摇动，再次引弧。

5）引弧后，迅速调整手柄，使焊接电压保持在 25～35V 之间，红灯亮时，均匀中速顺时针方向摇动手柄，使两筋接触，按停电按钮，此时焊接完成。如引弧不良，在红灯亮后，可用表计时，以保证焊接时间。

6）焊接完毕，待 10s 左右打开焊剂筒，倒出剩余焊剂，松开机头紧固螺丝，卸下机头，开始下个焊点。

7）待焊口冷却后，敲掉口上的焊渣，敲渣时，要戴防护眼镜。

（2）质量措施

1）钢筋焊接的端头要直，端面要平。

2）上、下钢筋必须同心，否则应进行调整。

3）焊接过程中不允许搬动钢筋，以保证钢筋自由向下正常落下，否则会产生外观虽好的"假焊"接头。

4）顶压钢筋时，需扶直并且静止约 0.5min，确保接头铁液固化。冷却时间约 2～3min，然后才能拆除药盒。在焊剂盒能够周转的情况下，尽量晚拆药盒，以确保焊头的缓冷。

5）正式试焊前，应先按同批钢筋和相同焊接参数制作试件，经检验合格后，才能确定按焊接参数进行施工。钢筋种类、规格变换或焊机维修后，均需进行焊前试验。

6）在施焊过程中，如发现铁液溢出，应及时增添焊药封闭。

7）当引弧后，在电弧稳定燃烧时，如发现渣池电压低，表明上、下钢筋之间距离小，容易产生短路（即两钢筋粘在一起）；当渣池电压过高时，表明上、下钢筋之间的距离过大，则容易发生断路，均需调整。

8）通电时间的控制，宜采用自动报警装置，以便于切断电路。

9) 焊接设备的外壳必须接地，操作人员必须戴绝缘手套和穿绝缘鞋。

10) 负温焊接时（气温在 −5℃ 左右），应根据不同的钢筋直径，适当完成通电时间，增大焊接电流，搭设挡风设施和延长打掉渣壳的时间等。雨、雪天不得施焊。

（3）安全措施

1) 电渣焊使用的焊机设备外壳必须接地，露天放置的焊机应有防雨遮盖。

2) 焊接电缆必须有完整的绝缘，绝缘性能不良的电缆禁止使用。

3) 在潮湿地方作业时，应用干燥木板或橡胶片等绝缘物做垫板。

4) 焊工作业应佩戴专用手套和绝缘鞋，手套及绝缘鞋应保持干燥。

5) 在大、中雨天时严禁进行焊接施工。在小雨天时，焊接施工要有可靠的遮蔽防护措施，焊接设备要遮蔽好，电线要保证绝缘良好，焊药必须保持干燥。

6) 在高温天气施工时，焊接施工现场要做好防暑降温工作。

7) 用于电渣焊作业的工作台、脚手架，必须牢固、可靠、安全适用。

（4）工期、成本的比较分析

市场竞争日趋激烈，施工工期与成本控制成为了各企业竞争的两个重点。该工程纵向钢筋接长施工采用了电渣压力焊，与传统电弧焊接、绑扎搭接技术比较，不但其施工速度得到加快，模板工序也能紧密配合搭接，而且钢筋焊接试件强度的检验结果也均达到了规范要求。成本控制方面，电渣压力焊与电弧焊相比，纵向钢筋用量可节约 7%～10%；与绑扎搭接焊相比，纵向钢筋用量可节约 20%～25%，由此可见，电渣压力焊技术的应用对降低建筑成本有着深远意义。

2.6 钢筋气压焊

常遇问题

1. 请列表分析固态气压焊和熔态气压焊的区别和各自的特点。

2. 钢筋气压焊接头都会有哪些缺陷？应该如何防止？

3. 请举例说明钢筋气压焊的设备，以及钢筋气压焊设备的特点。

【连接方法】

◆ 钢筋气压焊的基本原理

钢筋气压焊是利用氧气和乙炔气，按一定的比例混合燃烧的火焰，将被焊钢筋两端加热，使其达到热塑状态，经施加适当压力，使其接合的固相焊接法。

◆ 钢筋气压焊的特点

钢筋气压焊工艺具有设备简单、操作方便、质量好、成本低等优点，但对焊工要求严，焊前对钢筋端面处理要求高。被焊两钢筋直径之差不得大于 7mm；若差异过大，容易造成小钢筋过烧，大钢筋温度不足而产生未焊透。采用氧液化石油气火焰加热，与采用氧炔焰比较，可以降低成本；采用熔态气压焊与采用固态气压焊比较，可以免除对钢筋端面平整度和清洁度的苛刻要求，方便施工。

◆**钢筋气压焊的适用范围**

钢筋气压焊适用于现场焊接梁和板，也适用于柱的Ⅱ、Ⅲ级直径为 20～40mm 的钢筋。不同直径的钢筋也可用气压焊焊接，但直径差不大于 7mm。钢筋弯曲的地方不能焊。进口钢筋的焊接，要先做试验，以验证它的可焊性。

◆**钢筋气压焊的工艺**

1）工艺流程为：检查设备、气源→制备钢筋端头→安装焊接夹具和钢筋→试焊、做试件→施焊→卸下夹具→质量检查。

2）检查设备、气源、确保处于正常状态。

3）制备钢筋端头：钢筋端面应切平，并与钢筋轴线相垂直；在钢筋端部两倍直径长度范围内，若有水泥等附着物，应予以清除；钢筋边角毛刺及端面上铁锈、油污和氧化膜应清除干净，并经打磨，使其露出金属光泽，不得有氧化现象。

4）安装焊接夹具和钢筋：安装焊接夹具和钢筋时，应将两钢筋分别夹紧，并使两钢筋的轴线在同一直线上。钢筋安装后，应加压顶紧，两钢筋之间的局部缝隙不得大于 3mm。

5）试焊、做试件：在正式焊接之前，要进行现场条件下钢筋气压焊工艺性能的试验，以确认气压焊工的操作技能，确认现场钢筋的可焊性，并选择最佳的焊接工艺。试验钢筋从进场钢筋中截取。每批钢筋焊接 6 根接头，经外观检验合格后，其中 3 根做拉伸试验，3 根做弯曲试验。试验合格后，按确定的工艺进行气压焊。

6）钢筋气压焊时，应根据钢筋直径和焊接设备等具体条件选用等压法、二次加压法或三次加压法焊接工艺。在两钢筋缝隙密合和镦粗过程中，对钢筋施加的轴向压力，按钢筋横截面积计，应为 30～40MPa。为保证对钢筋施加的轴向压力值，应根据加压器的型号，按钢筋直径大小事先换算成油压表读数，并写好标牌，以便准确控制。

7）钢筋气压焊的开始宜采用碳化焰，对准两钢筋接缝处集中加热，并使其内焰包住缝隙，防止钢筋端面产生氧化。在确认两钢筋缝隙完全密合后，应改用中性焰，以压焊面为中心，在两侧各一倍钢筋直径长度范围内往复宽幅加热。钢筋端面的合适加热温度应为 1150～1250℃；钢筋镦粗区表面的加热温度应稍高于该温度，并随钢筋直径大小而产生的温度梯差而变化。

8）钢筋气压焊中，通过最终的加热加压，应使接头的镦粗区形成规定的合适形状，然后停止加热，略微延时，卸除压力，拆下焊接夹具。

9）在加热过程中，如果在钢筋端面缝隙完全密合之前发生灭火中断现象，应将钢筋取下重新打磨、安装，然后点燃火焰进行焊接。如果发生在钢筋端面缝隙完全密合之后，可继续加热加压，完成焊接作业。

10）质量检查。在焊接生产中焊工应认真自检，若发现焊接缺陷，应参照表 2-32 查找原因，采取措施，及时消除。

表 2-32 气压焊接头焊接缺陷及消除措施

项次	焊接缺陷	产 生 原 因	防 止 措 施
1	轴线偏移（偏心）	①焊接夹具变形，两夹具不同心，或夹具刚度不够 ②两钢筋安装不正 ③钢筋接合端面倾斜 ④钢筋未夹紧进行焊接	①检查夹具，及时修理或更换 ②重新安装夹紧 ③切平钢筋端面 ④夹紧钢筋再焊

续表

项次	焊接缺陷	产 生 原 因	防 止 措 施
2	弯折	①焊接夹具变形，两夹头不同心 ②平焊时，钢筋自由端过长 ③焊接夹具拆卸过早	①检验夹具，及时修理或更换 ②缩短钢筋自由端长度 ③熄火后半分钟再拆夹具
3	镦粗长度不够	①加热幅度不够宽 ②顶压力过大过急	①增大加热幅度范围 ②加压时应平稳
4	镦粗直径不够	①焊接夹具动夹头有效行程不够 ②顶压油缸有效行程不够 ③加热温度不够 ④压力不够	①检查夹具和顶压油缸，及时更换 ②采用适宜的加热温度及压力
5	镦粗长度不够	①加热幅度不够宽 ②顶压力过大过急	①增大加热幅度 ②加压时应平稳
6	钢筋表面严重烧伤	①火焰功率过大 ②加热时间过长 ③加热器摆动不匀	调整加热火焰，正确掌握操作方法
7	未焊合	①加热温度不够或热量分布不均 ②顶压力过小 ③接合端面不洁 ④端面氧化 ⑤中途灭火或火焰不当	合理选择焊接参数，正确掌握操作方法

　　钢筋气压焊生产中，其操作要领是：钢筋端面干净，安装时钢筋夹紧、对准；火焰调整适当，加热温度必须足够，使钢筋表面呈微熔状态，然后加压成形。

◆固态气压焊

1. 焊前准备

气压焊施焊前，钢筋端面应切平，并宜与钢筋轴线相垂直；在钢筋端部两倍直径长度范围内若有水泥等附着物，应予以清除。钢筋边角毛刺及端面上铁锈、油污和氧化膜应清除干净，并经打磨，使其露出金属光泽，不得有氧化现象。

2. 夹装钢筋

安装焊接夹具和钢筋时，应将两钢筋分别夹紧，并使两钢筋的轴线在同一直线上。钢筋安装应加压顶紧，两钢筋之间的局部缝隙不得大于 3mm。

3. 焊接工艺过程

焊前钢筋端面应切平、打磨，使其露出金属光泽。钢筋安装夹牢，预压顶紧后，两钢筋端面局部间隙不得大于 3mm。三次加压法的工艺过程应包括：预压、密合和成形 3 个阶段，如图 2-53 所示。

4. 加热温度

气压焊加热开始至钢筋端面密合前，应采用碳化焰集中加热；钢筋端面的合适加热温度应为 1150～1250℃；钢筋镦粗区表面的加热温度应稍高于该温度，并随钢筋直径增大而适当提高。

很多资料表明，这个加热温度是合适的，再加上钢筋表面温度高于钢筋端面芯部温度的梯度差，若以 50～100℃ 估算，则钢筋表面温度应达到约 1250～1350℃。如温度过低，两端面不能焊合，因此，操作者应通过试验掌握好如何控制合适温度。

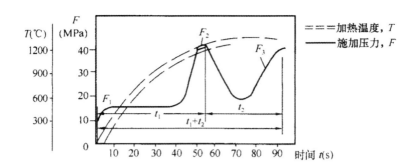

图 2-53 $\phi25$ 钢筋三次加压法焊接工艺过程图示

t_1—碳化焰对准钢筋接缝处集中加热时间；F_1——次加压，预压；

t_2—中性焰往复宽幅加热时间；F_2—二次加压，接缝密合；

t_1+t_2—根据钢筋直径和火焰热功率而定；F_3—三次加压、镦粗成形

5. 成形与卸压

通过最终的加热加压，使接头的镦粗区形成规定的合适形状，然后停止加热，略微延时，卸除压力，拆下焊接夹具。

如过早卸除压力，焊缝区域内的残余内应力或回位弹簧对接点施加的拉力，有可能使已焊成的原子间结合重新断开。

6. 灭火中断

在加热过程中，如果在钢筋端面缝隙完全密合之前发生灭火中断现象，端面必然氧化。这时，应将钢筋取下重新打磨、安装，然后点燃火焰进行焊接。如果发生在钢筋端面缝隙完全密合之后，表示结合而已经焊合，因此可继续加热加压，完成焊接作业。

7. 接头组织和性能

$\Phi 25$ 20MnSi 钢筋氧乙炔固态气压焊接头各区域组织示意图和显微组织，如图 2-54 所示。接头特征如下：

1）焊缝没有铸造组织（柱状树枝晶），宏观组织几乎看不到焊缝，高倍显微观察可以见到结合面痕迹。

2）由于焊接开始阶段采用碳化焰，焊缝增碳较多。

3）焊缝及过热区有明显的魏氏组织。

4）热影响区较宽，约为钢筋直径的 1.0 倍。

◆ 熔态气压焊

1. 基本原理

熔态（即开式）气压焊是在钢筋端面表层熔融状态下接合的气压焊工艺，属于熔态压力焊范畴。

2. 工艺特点

（1）端面 通过烧化，把脏物随同熔融金属挤出接口外边。

（2）加热 采用氧—乙炔火焰，加热速度及范围灵活掌握。采用氧液化石油气火焰，加热时间稍微长一些。

（3）结合面保护 焊接过程中结合面高温金属熔滴强烈氧化产生少氧气体介质，减轻了结

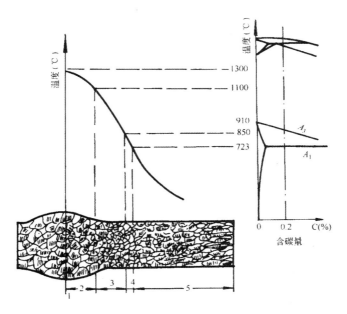

图 2-54　钢筋固态气压焊接头各区域组织示意图

合面被氧化的可能，另外，采用乙炔过剩的碳化焰加热，造成还原气氛，减少氧化的可能。

（4）采用氧液化石油气压焊　采用氧液化石油气压焊时，氧气工作压力为 0.08MPa 左右；液化石油气工作压力为 0.04MPa 左右。

3. 操作工艺

（1）过程

钢筋熔态气压焊与固态气压焊相比，简化了焊前对钢筋端面仔细加工的工序，焊接过程如下：

把焊接夹具固定在钢筋的端头上，端面预留间隙 3～5mm，有利于更快加热到熔化温度。端面不平的钢筋，可将凸部顶紧，不规定间隙，调整焊接夹具的调中螺栓，使对接钢筋同轴后，安装上顶压油缸，然后进行加热加压顶锻作业。

（2）操作工艺法

1）一次加压顶锻成形法先使用中性火焰以钢筋接口为中心沿钢筋轴向宽幅加热，加热幅宽大约为 1.5 倍钢筋直径加上约 10mm 的烧化间隙，待加热部分达到塑化状态（1100℃左右）时，加热器摆幅逐渐减小，然后集中加热焊口处，在清除接头端面上附着物的同时，将端面熔化，此时迅速把加热焰调成碳化焰，继续加热焊口处并保护其免受氧化。由于接头预先加热，端头在几秒钟内迅速均匀熔化，氧化物及其他脏物随着液态金属、从钢筋端头上流出，待钢筋端面形成均匀的连续的金属熔化层，端头烧成平滑的弧凸状时。在继续加热并用还原焰保护下迅速加压顶锻，钢筋截面压力达 40MPa 以上，挤出接口处液态金属，使接口密合，并在近缝区产生塑性变形，形成接头镦粗，焊接结束。

为了在接口区获得足够的塑性变形，一次加压顶锻成型法，顶锻时钢筋端头的温度梯度要适当加大，因而加热区较窄，液态金属在顶锻时被挤出界面形成毛刺，这种接头外观与闪光焊相似，但镦粗面积扩大率比闪光焊大。

一次加压顶锻成型法生产率高，热影响区窄，现场适合焊接直径较小（φ25 以下）钢筋。

2）两次加压顶锻成形法第一次顶锻在较大温度梯度下进行，其主要目的是挤出端面的氧化物及脏物，使接合面密合。第二次加压是在较小温度梯度下进行，其主要目的是破坏固态氧化物，挤走过热及氧化的金属，产生合理分布的塑性变形，以获得接合牢固，表面平滑，过渡平缓的接头镦粗。

先使用中性焰对着接口处集中加热，直至端面金属开始熔化时，迅速地把加热焰调成碳化焰，继续集中加热并保护端面免受氧化，氧化物及其他脏物随同熔化金属流出来，待端头形成均匀连续的液态层，并呈弧凸状时，迅速加压顶锻（钢筋横截面压力约 40MPa），挤出接口处液态金属，并在近缝区形成不大的塑性变形，使接口密合，然后把加热焰调成中性焰，在 1.5 倍钢筋直径范围内沿钢筋轴向往复均匀加热至塑化状态时，施加顶锻压力（钢筋横截面压力达 35MPa 以上），使其接头镦粗，焊接结束。

两次加压顶锻成形法的接头外观与固态气压焊接头的枣核状镦粗相似，但在接口界面处也留有挤出金属毛刺的痕迹，从纵剖面看出，有熔合区特征。

两次加压顶锻成形法接头有较多的热金属，冷却较慢，减轻淬硬倾向，外观平整，镦粗过渡平缓，减少应力集中，适合焊接直径较大（$\phi 25$ 以上）钢筋。

若发现焊接缺陷，可参照表 2-32 查找原因，采取措施，及时消除。

4. 接头性能

（1）拉伸性能和弯曲性能　熔态气压焊接头的拉伸应力—应变曲线与母材基本一致，超过国标规定的母材抗拉强度值，拉伸试件在母材延性断裂。

气压焊接头的拉伸性能和冷弯性能都能达到有关规程规定的要求。

（2）金相组织及硬度试验　金相试验表明，熔态气压焊接头熔合性好，没有气孔、夹渣等异常缺陷，整个压焊线都能熔合成完整晶粒，接头淬硬倾向不显著，接头综合性能满足使用要求。

5. 钢筋焊接接头偏心热矫正

当焊接偏心量超过规定的 $0.1d$ 但不大于 $0.4d$ 时，可进行偏心热矫正，矫正工艺根据焊接钢筋直径大小和接头温度选择进行。通常对于直径较小（$\phi 20$ 及以下）的钢筋焊接，在焊接结束时可采用 F 型扳手立即进行矫正，如图 2-55（a）所示。对于直径较大（$\phi 20$ 以上）的钢筋焊接，则采用二次加温的方式进行，加热温度通常在 800℃ 左右，如图 2-55（b）所示。

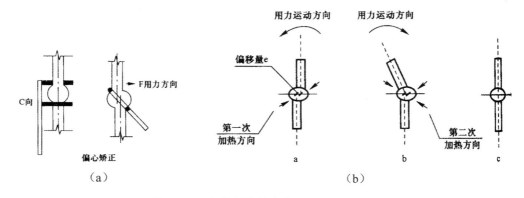

图 2-55　钢筋焊接接头偏心热矫正示意图

◆钢筋气压焊的设备

1. 气压焊设备组成

供气装置：包括氧气瓶、溶解乙炔气瓶或液化石油气瓶、干式回火防止器、减压器及胶管等。氧气瓶、溶解乙炔气瓶和液化石油气瓶的使用应遵照国家有关规定执行。

多嘴环管加热器：多嘴环管加热器应配备多种规格的加热圈，以满足各不同直径钢筋焊接的需要。

加压器：包括油泵、油管、油压表、顶压油缸等。

焊接夹具：焊接夹具有几种不同规格，与所焊钢筋直径相适应。

供气装置为气焊、气割时的通用设备；多嘴环管加热器、加压器、焊接夹具为钢筋气压焊的专用设备，总称钢筋气压焊机。

2. 钢筋气压焊机型号表示方法。

钢筋气压焊机型号表示方法，如图 2-56 所示。

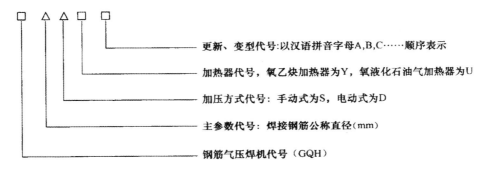

图 2-56　钢筋气压焊机型号表示方法

标记小例：

焊接钢筋公称直径为 32mm 的手动氧液化石油气钢筋气压焊机

标记为：钢筋气压焊机 GQH 32 SU JG/T 94

说明：以汉字拼音第一字符表示如下　G—钢、Q—气（压）、H—焊；S—手（动式）、D—电（动式）、
　　　　Y—乙（炔）、U—（液化石）油（气）。

3. 氧气瓶

氧气瓶用来存储及运输压缩的气态氧。氧气瓶有几种规格，最常用的为容积 40L 的钢瓶，如图 2-57（a）所示。容积 40L 氧气瓶各项参数见表 2-33。

表 2-33　　　　　　　　　　　　**容积 40L 的氧气瓶各项参数**

外径	壁厚	筒体高度	容积	质量（装满氧气）	瓶内公称压力	储存氧气
219mm	~8mm	~1310mm	40L	~76kg	14.71MPa	6m³

为了便于识别，应在氧气瓶外表涂以天蓝色或浅蓝色，并漆有"氧气"黑色字样。

4. 乙炔气瓶

乙炔气瓶是储存及运输溶解乙炔的特殊钢瓶；在瓶内填满多孔性物质，在多孔性物质中浸渍丙酮，丙酮用来溶解乙炔，如图 2-57（b）所示。

多孔性物质的作用是防止气体的爆炸及加速乙炔溶解于丙酮的过程。多孔性物质上有大量

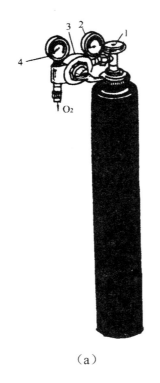 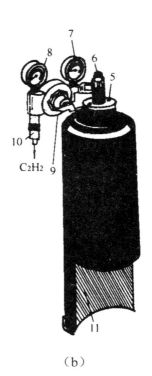

（a） （b）

图 2-57　氧气瓶和乙炔气瓶
（a）氧气瓶；（b）乙炔气瓶
1—氧气阀；2—氧气瓶压力表；3—氧减压阀；4—氧工作压力表；5—易熔阀；6—阀帽；7—乙炔瓶
压力表；8—乙炔工作压力表；9—乙炔减压阀；10—干式回火防止器；11—含有丙酮多孔材料

小孔，小孔内存有丙酮和乙炔。因此，当瓶内某处乙炔发生爆炸性分解时，多孔性物质就可限制爆炸蔓延到全部。

多孔性物质是轻而坚固的惰性物质，使用时不易损耗，并且当撞击、推动及振动钢瓶时不致沉落下去。多孔性物质，以往均采用打碎的小块活性炭。现在有的改用以硅藻土、石灰、石棉等主要成分的混合物，在泥浆状态下填入钢瓶，进行水热反应（高温处理）使其固化、干燥而制得的硅酸钙多孔物质，空隙率要求达到90%～92%。

乙炔瓶主要参数，见表 2-34。

表 2-34　　　　　　　　　　　乙 炔 瓶 主 要 参 数

外径	壁厚	高度	容积	质量（装满乙炔）	瓶内公称压力（当室温为15℃）	储存乙炔气
255～285mm	～3mm	925～950mm	40L	～69kg	1.52MPa	6m³

丙酮是一种透明带有辛辣气味的易蒸发的液体。在15℃时的相对密度为0.795，沸点为55℃。乙炔在丙酮内的溶解度决定于其温度和压力的大小。乙炔从钢瓶内输出时一部分丙酮将为气体所带走。输出1m³乙炔，丙酮的损失约为50～100g。

在使用强功率多嘴环管加热器时，为了避免大量丙酮被带走，乙炔从瓶内输出的速率不得超过1.5m³/h，若不敷使用时，可以将两瓶乙炔并联使用。乙炔钢瓶必须安放在垂直的位置。

当瓶内压力减低到 0.2MPa 时，应停止使用。

乙炔钢瓶的外表应涂白色，并漆有"乙炔"红色字样。

5. 液化石油气瓶

液化石油气瓶是专用容器，按用量和使用方式不同，气瓶有 10kg、15kg、36kg、50kg 等多种规格，以 50kg 规格为例，各项主要参数见表 2-35。

表 2-35　　　　　　　　　50kg 规格液化石油气瓶各项主要参数

外　径	壁　厚	高　度	容　积
406mm	3mm	1215mm	≥118L

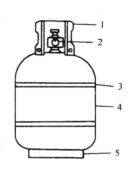

图 2-58　液化石油气瓶
1—瓶阀护圈；2—阀门；3—焊缝；4—瓶体；5—底座

瓶内公称压力（当室温为 15℃）为 1.57MPa，最大工作压力为 1.6MPa，水压试验为 3MPa。气瓶通过试验鉴定后，应将制造厂名、编号、质量、容积、制造日期、工作压力等项内容，标在气瓶的金属铭牌上，并应盖有国家检验部门的钢印。气瓶体涂银灰色，注有"液化石油气"的红色字样，15kg 规格气瓶如图 2-58 所示。

液化石油气瓶的安全使用：

1）气瓶不得充满液体，必须留有 10%～20% 的气化空间，防止液体随环境温度升高而膨胀导致气瓶破裂。

2）胶管和密封垫材料应选用耐油橡胶。

3）防止暴晒，贮存室要通风良好、室内严禁明火。

4）瓶阀和管接头处不得漏气，注意检查调压阀连接处螺纹的磨损情况，防止由于磨损严重或密封垫圈损坏、脱落而造成的漏气。

5）严禁火烤或沸水加热，冬季使用必要时可用温水加温，远离暖气和其他热源。

6）不得自行倒出残渣，以免遇火成灾。

7）瓶底不准垫绝缘物，防止静电积蓄。

6. 气瓶的贮存与运输

（1）贮存的要求

1）各种气瓶都应各设仓库单独存放，不准和其他物品合用一库。

2）仓库的选址应符合以下要求：

①远离明火与热源，且不可设在高压线下。

②库区周围 15m 内，不应存放易燃易爆物品，不准存放油脂、腐蚀性、放射性物质。

③有良好的通道，便于车辆出入装卸。

3）仓库内外应有良好的通风与照明，室内温度控制在 40℃ 以下，照明要选用防爆灯具。

4）库区应设醒目的"严禁烟火"的标志牌，消防设施要齐全有效。

5）库房建筑应选用一、二级耐火建筑，库房屋顶应选用轻质非燃烧材料。

6）仓库应设专人管理，并有严格的规章制度。

7）未经使用的实瓶和用后返回仓库的空瓶应分开存放，排列整齐以防混乱。

8）液化石油气比空气重，易向低处流动，因此，存放液化石油气瓶的仓库内，排水口要设安全水封，电缆沟口、暖气沟口要填装沙土砌砖抹灰，防止石油气窜入而发生危险。

（2）运输安全规则

1）气瓶在运输中要避免剧烈的振动和碰撞，特别是冬季瓶体金属韧性下降时，更应格外注意。

2）气瓶应装有瓶帽，防止碰坏瓶阀。搬运气瓶时，应使用专用小车，不准肩扛、背负、拖拉或脚踹。

3）批量运输时，要用瓶架将气瓶固定。轻装轻卸，禁止从高处下滑或从车上往下扔。

4）夏季远途运输，气瓶要加覆盖，防止暴晒。

5）禁止用起重设备直接吊运钢瓶，充实的钢瓶禁止喷漆作业。

6）运输气瓶的车辆专车专运，不准与其他物品同车运输，也不准一车同运两种气瓶。

氧气瓶、溶解乙炔气瓶或液化石油气瓶的使用应遵照国家质量技术监督局颁发的相关规程和人力资源和社会保障部颁发的有关规定执行。

7. 减压器

减压器是用来将气体从高压降低到低压，并显示瓶内高压气体压力和减压后工作压力的装置。此外，还有稳压的作用。

QD-2A 型单级氧气减压器的高压额定压力为 15MPa，低压调节范围为 0.1~1.0MPa。

乙炔气瓶上用的 QD-120 型单级乙炔减压器的高压额定压力为 1.6MPa，低压调节范围为 0.01~0.15MPa。

减压器的工作原理如图 2-59 所示。其中，单级反作用式减压器应用较广。

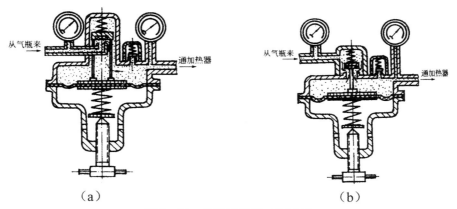

图 2-59 单级减压器工作原理
（a）正作用；（b）反作用

采用氧液化石油气压焊时，液化石油气瓶上的减压器外形和工作原理与用于乙炔气瓶上的相同。但减压表应采用碳三表，或丙烷表，主要技术规格参数见表 2-36。

表 2-36   主 要 技 术 规 格 参 数

名称	型号	输入压力/MPa	调节范围/MPa	配套压力表/MPa		流量/(m³/h)
				输入	输出	
碳三减压器	YQC₃-33A	1.6	0.01~0.15	2.5	0.25	5
	YQC₃-33B	1.6	0.01~0.15	4	0.25	6
丙烷减压器	YQW-3A	1.6	0.01~0.25	2.5	0.4	6
	YQW-2A	1.6	0.01~0.1	2.5	0.15	5

8. 回火防止器

回火防止器是装在燃料气体系统上防止火焰向燃气管路或气源回烧的保险装置。回火防止器有水封式和干式两种。干式回火防止器如图 2-60 所示。水封式回火防止器常与乙炔发生器组装成一体，使用时，一定要检查水位。

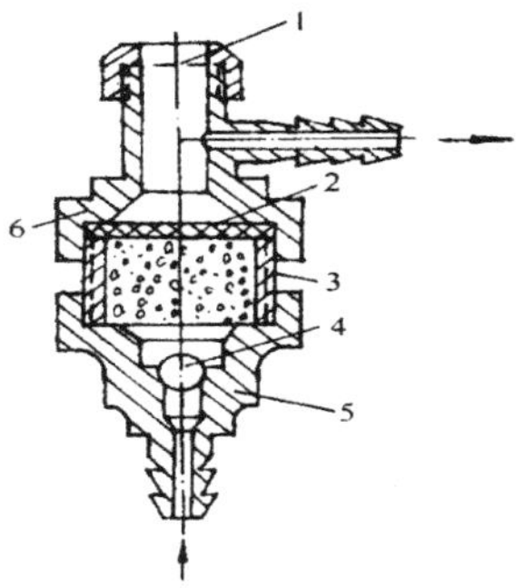

9. 乙炔发生器

乙炔发生器是利用碳化钙（电石中的主要成分）和水相互作用以制取乙炔的设备。目前，国家推广使用瓶装溶解乙炔，在施工现场，乙炔发生器已逐渐被淘汰。

10. 多嘴环管加热器

多嘴环管加热器，以下简称加热器，是混合乙炔和氧气，经喷射后组成多火焰的钢筋气压焊专用加热器具，由混合室和加热圈两部分组成。

（1）加热器的分类

加热器按气体混合方式不同，可分为两种，射吸式（低压的）加热器和等压式（高压的）加热器。目前采用的多数为射吸式，但从发展来看，宜逐渐改用等压式。

1）射吸式（低压的）加热器。在采用射吸式加热器时，氧气通入后，先进入射吸室，由射吸室通道流出时发生很高的速度，这样的结果，就造成围绕射吸口环形通道内气体的稀薄，因而促成对乙炔的抽吸作用，使乙炔以低的压力进入加热器。氧与乙炔在混合室内混合之后，再流向加热器的喷嘴喷口而出，如图 2-61 所示。

由加热器喷嘴喷口出来的混合气体，其成分不仅决定于加热器上氧气、乙炔阀针手轮的调节作用，并且也随下列因素而变更：喷口与钢筋表面的距离，混合气体的温度，喷口前面混合气体的压力等。当喷口和钢筋表面距离太近时，将构成气体流动的附加阻力，使乙炔通道中稀薄程度降低，使混合气体的含氧量增加。

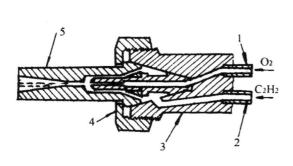

图 2-61　射吸式混合室

1—高压氧；2—低压乙炔；3—手把；
4—固定螺帽；5—混合室

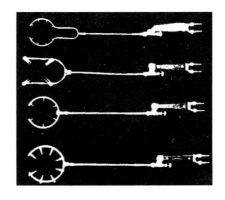

图 2-62　几种常用多嘴环管加热器外形

2）压式（高压的）加热器。当采用等压式加热器时，易于使氧乙炔气流的配比保持稳定。当加热器喷口出来的气体速度减低时，喷口被堵塞，以及加热器管路受热至高出一定温度

图 2-60　干式回火
防止器

1—防爆橡皮圈；2—橡皮
压紧垫圈；3—滤清器；
4—橡皮反向活门；
5—下端盖；6—上端盖

范围时，则会发生"回火"现象。

加热器的喷嘴数有 6 个、8 个、10 个、12 个、14 个不等，根据钢筋直径大小选用。在一般情况下，当钢筋直径为 25mm 及以下，喷嘴数为 6 个或 8 个；钢筋直径为 32mm 及以下，喷嘴数为 8 个或 10 个；钢筋直径为 40mm 及以下，喷嘴数为 10 个或 12 个。从环管形状来分，有圆形、矩形及 U 形多种。从喷嘴与环管的连接来分，有平接头式（P），有弯头式（W），如图 2-62 所示。

（2）加热器使用性能要求

1）射吸式加热器的射吸能力，或等压式加热器中乙炔与氧的混合和供气能力，必须与多个喷嘴的总体喷射能力相适应。

2）加热器的加热能力应与所焊钢筋直径的粗细相适应，以保证钢筋的端部经过较短的加热时间，达到所需要的高温。

3）加热器各连接处，应保持高度的气密性。在下列进气压力下不得漏气：氧气通路内按氧气工作压力提高 50%；乙炔和混合气通路内压力为 0.25MPa。

4）多嘴环管加热器的火焰应稳定，当风速为 6m/s 的风垂直吹向火焰时，火焰的焰芯仍应保持稳定。火焰应有良好挺度，多束火焰应均匀，并且有聚敛性，焰芯形状应呈圆柱形，顶端为圆锥形或半球形，不得有偏斜和弯曲。

5）多嘴环管加热器各气体通路的零件应用抗腐蚀材料制造，乙炔通路的零件不得用含铜量大于 70% 的合金制造。在装配之前，凡属气体通路的零部件必须进行脱脂处理。

6）多嘴环管加热器基本参数，见表 2-37。

表 2-37　　　　　　　　　　　多嘴环管加热器基本参数

加热器代号	加热嘴数 /个	焊接钢筋额定直径 /mm	加热嘴直径	焰芯长度	氧气工作压力	乙炔工作压力
			/mm		/MPa	
W6	6	25			0.6	
W8	8	32	1.10	≥8	0.7	
W12	12	40			0.8	0.05
P8	8	25			0.6	
P10	10	32	1.00	≥7	0.7	
P14	14	40			0.8	

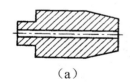

（a）　　　　　　（b）

图 2-63　氧乙炔多嘴环管加热器
（Y）喷嘴示意图

（a）喷嘴纵剖面；（b）喷嘴端面图
说明：材质：喷嘴、紫铜

采用氧液化石油气压焊时，多嘴环管加热器的外形和射吸式构造与氧乙炔气压焊时基本相同；但喷嘴端面为梅花式，中间有一个大孔，周围有若干小孔，氧乙炔喷嘴如图 2-63 所示，氧液化石油气喷嘴如图 2-64 所示，加热圈如图 2-65 所示。

11. 加压器

加压器为钢筋气压焊中对钢筋施加顶压力的压力源装置。

（1）加压器的组成

加压器由液压泵、液压表、橡胶软管和顶压油缸四部分组成。

（2）加压器的分类

液压泵有手动式和电动式两种。

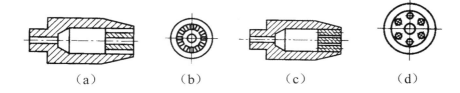

图 2-64　氧液化石油气多嘴环管加热器（U）喷嘴示意图

（a）槽式喷嘴纵剖面图；（b）槽式喷嘴端面图；（c）孔式喷嘴纵剖面图；（d）孔式喷嘴端面图

材质：喷嘴芯为黄铜；为外套为紫铜

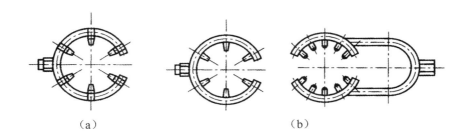

图 2-65　加热圈结构示意图

（a）弯式（W）；（b）平式（P）

材质：管为黄铜；喷嘴为紫铜

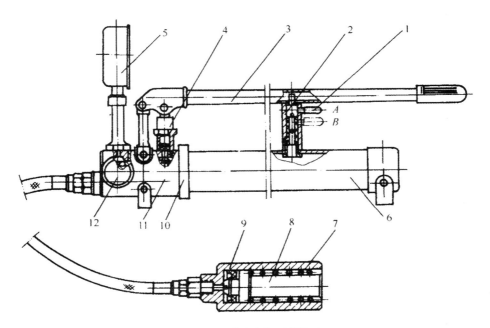

图 2-66　手动式加压器构造

1—锁柄；2—锁套；3—压把；4—泵体；5—压力表；6—油箱；7—弹簧；8—活塞顶头；
9—油缸体；10—连接头；11—泵座；12—卸载阀

1）手动式加压器的构造如图 2-66 所示。高压电动油泵（加压器）外形如图 2-67 所示。

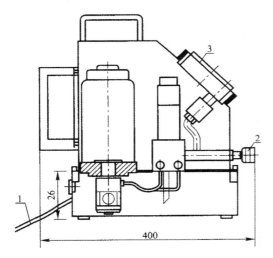

图 2-67　高压电动油泵（加压器）外形
1—电源线；2—出油口；3—油压表

2）加压器的使用性能。

①加压器的轴向顶压力应保证所焊钢筋断面上的压力达到 40MPa；顶压油缸的活塞顶头应保证有足够的行程。

②在额定压力下，液压系统关闭卸荷阀 1min 后，系统压力下降值不超过 2MPa。

③加压器的无故障工作次数为 1000 次，液压系统各部分不得漏油，回位弹簧不得断裂，与焊接夹具的连接必须灵活、可靠。

④橡胶软管应耐弯折，质量符合有关标准的规定，长度 2~3m。

⑤加压器液压系统推荐使用 N46 抗磨液压油，应能在 70℃ 以下正常使用，顶压油缸内密封环应耐高温。

⑥达到额定压力时，手动油泵的杠杆操纵力不得大于 350N。

⑦电动油泵的流量在额定压力下应达到 0.25L/min。手动油泵在额定压力下排量不得小于 10mL/次。

⑧电动油泵供油系统必须设置安全阀，其调定压力应与电动油泵允许的工作压力一致。

⑨顶压油缸的基本参数见表 2-38。

表 2-38　顶压油缸基本参数

顶压油缸代号	活塞直径/mm	活塞杆行程/mm	额定压力/MPa
DY32	32	45	31.5
DY40	40	60	40
DY50	50	60	40

12. 焊接夹具

焊接夹具是用来将上、下（或左、右）两钢筋夹牢，并对钢筋施加顶压力的装置。常用的焊接夹具如图 2-68 所示。

焊接夹具的卡帽有卡槽式和花键式两种。

焊接夹具的使用性能要求如下：

1）焊接夹具应保证夹持钢筋牢固，在额定荷载下，钢筋与夹头间相对滑移量不得大于 5mm，并便于钢筋的安装定位。

2）在额定荷载下，焊接夹具的动夹头与定夹头的同轴度不得大于 0.25mm。

3）焊接夹具的夹头中心线与筒体中心线的平行度不得大于 0.25mm。

4）焊接夹具装配间隙累积偏差不得大于 0.50mm。

5）动夹头轴线相对定夹头的轴线可以向两个调中螺栓方向移动，每侧幅度不得小于 3mm。

6）动夹头应有足够的行程，保证现场最大直径钢筋焊接时顶压镦粗的需要。

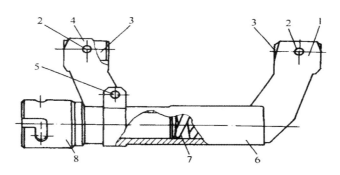

图 2-68　焊接夹具

1—定夹头；2—紧固螺栓；3—夹块；4—动夹头；5—调整螺栓；

6—夹具体；7—回位弹簧；8—卡帽（卡槽式）

7) 动夹头和定夹头的固筋方式有 4 种，如图 2-69 所示。使用时不应损伤带肋钢筋肋下钢筋的表面。

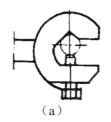
（a）

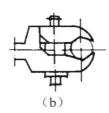
（b）

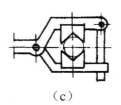
（c）

（d）

图 2-69　夹头固筋方式

（a）螺栓顶紧；（b）钳口夹紧；（c）抱合夹紧；（d）斜铁楔紧

8) 焊接夹具的基本参数见表 2-39。

表 2-39　　　　　　　　　　　　　焊接夹具基本参数

焊接夹具代号	焊接钢筋额定直径/mm	额定荷载/kN	允许最大荷载/kN	动夹头有效行程/mm	动、定夹头净距/mm	夹头中心与筒体外缘净距/mm
HJ25	25	20	30	≥45	160	70
HJ32	32	32	48	≥50	170	80
HJ40	40	50	65	≥60	200	85

当加压时，由于顶压油缸的轴线与钢筋的轴线不是在同一中心线上，力是从顶压油缸的顶头顶出，通过焊接夹具的动、定夹头再传给钢筋，因而产生一个力矩；另外滑柱在筒体内摩擦，这些均消耗一定的力；经测定，实际施加于钢筋的顶压力约为顶压油缸顶出力的 0.84～0.87，计算钢筋顶压力时，可采用压力传递折减系数 0.8。

◆ 钢筋气压焊接头的质量检验

钢筋气压焊接头质量标准及检验方法见表 2-40。

表 2 - 40   钢筋气压焊接头质量标准及检验方法

项次	项目	质量标准及检验	取样数量
1	外观检查	气压焊接头外观检查结果应符合下列要求： 1）偏心量 e 不得大于钢筋直径的 0.15 倍，且不得大于 4mm，见图 2 - 70（a）。当不同直径钢筋焊接时，应按较小钢筋直径计算。当大于规定值时，应切除重焊 2）两钢筋轴线弯折角不得大于 4°。当大于规定值时，应重新加热矫正 3）镦粗直径 d_c 不得小于钢筋直径的 1.4 倍，见图 2 - 70（b）。当小于此规定值时，应重新加热镦粗 4）镦粗长度 l_c 不得小于钢筋直径的 1.2 倍，且凸起部分平缓圆滑，见图 2 - 70（c）。当小于此规定值时，应重新加热镦长 5）压焊面偏移量 d_h 不得大于钢筋直径的 0.2 倍，见图 70（d） 6）钢筋压焊区表面不得有横向裂纹或严重烧伤	气压焊接头应逐个进行外观检查
2	拉伸试验	气压焊接头拉伸试验结果，3 个试件的抗拉强度均不得小于该级别钢筋规定的抗拉强度，并应断于压焊面之外，呈延性断裂。当有 1 个试件不符合要求时，应切取 6 个试件进行复验；复验结果，当仍有 1 个试件不符合要求，应确认该批接头为不合格品	当进行力学性能试验时，应从每批接头中随机切取 3 个接头做拉伸试验；在梁、板的水平钢筋连接中，应另切取 3 个接头做弯曲试验，且应按下列规定抽取试件： 1）在一般构筑物中，以 300 个接头作为一批 2）在现浇钢筋混凝土房屋结构中，同一楼层中应以 300 个接头作为一批；不足 300 个接头仍应作为一批
3	弯曲试验	气压焊接头进行弯曲试验时，应将试件受压面的凸起部分消除，并应与钢筋外表面齐平。弯心直径应比原材弯心直径增加 1 倍钢筋直径，弯曲角度均为 90° 弯曲试验可在万能试验机、手动或电动液压弯曲试验器上进行；压焊面应处在弯曲中心点，弯至 90°，3 个试件均不得在压焊面发生破断 当试验结果有 1 个试件不符合要求时，应再切取 6 个试件进行复验。复验结果，当仍有 1 个试件不符合要求时，应确认该批接头为不合格品	

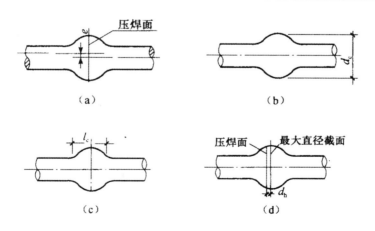

图 2 - 70   钢筋气压焊接头外观质量图解
（a）偏心量；（b）镦粗直径；（c）镦粗长度；（d）压焊面偏移

【实例】

【例 2 - 13】 梅山大桥是跨海公路大桥，从浙江宁波北仑春晓镇至舟山定海区六横岛，全长为 2200m，宽为 28.4m，双向四车道。大桥共有 33 跨，66 个桥墩，最高桥墩高 17m。大桥主要采用 HRB335 钢筋，原设计使用滚轧直螺纹连接，之后改用半自动钢筋气压焊。大桥钢筋接头总数约 98000 个；现已焊接完成接头 30000 个，焊接钢筋直径均为 32mm。大桥远景如图 2-71 所示。

图 2-71 建设中的梅山大桥

1. 自动钢筋气压焊设备

自动钢筋气压焊设备系从国外引进，由 5 部分组成：钢筋直角切割机、多嘴环管加热器、自动加压装置、管线及油缸、加压器，另有氧气瓶、乙炔气瓶等。使用该焊接设备时，可以配合采用全自动焊接工艺，也可采用半自动焊接工艺，即手动加热，自动加压，本工程采用后一种工艺。

该气压焊设备的特点如下。

1）钢筋端面成直角，端面间隙在 0.5mm 以下；端面平滑，无氧化膜，不用打磨，高速切断，提高作业效率。

2）自动（电动式）加压装置可以同时运作 2 个压焊点（2 台加热装置自动运行）。

3）将钢筋直径输入电脑，调整火焰和加热器，可得到最合适的加热时间与加压时间，自动完成压接。将数据接到电脑上，进行输出打印，提高压接的可靠性。

4）压接器具有高强度和耐久性，容易调整和操作。

2. 设备改进与工艺简化

钢筋气压焊工艺可分 2 种：固态气压焊（闭式）和熔态气压焊（开式）。采用固态气压焊时，两钢筋端而顶紧，钢筋端部加热至塑性状态，约为 1250~1300℃，通过加压使两钢筋端面原子相互移动，完成焊接。原来，采用手动多嘴环管加热器，环管上只有垂直方向的喷嘴，焊接工艺是三次加压法，如图 2-53 所示。现在，环管上增加了倾斜方向的喷嘴，针对钢筋接口附近加热，使钢筋端面密合与接头镦粗同时进行，变 3 次加压为 1 次加压，这样简化了工艺，提高了工效，实施加压自动化。

工程应用表明，该设备适用于钢筋混凝土结构 HPB300、HRB335、HRB400 的 $\phi16 \sim \phi51$ 钢筋在垂直、水平和倾斜位置的焊接。在本工程中，主要在平地焊接，然后搬运至桥墩安装。主要有如下优点：

1）操作简单，易掌握，劳动强度低。

2）焊接速度快，提高工效，接头外表美观，钢筋线形顺直。

3）无有毒气体产生，对环境无污染。

4）焊接质量稳定，成品合格率高，在本工程中，根据行业标准《钢筋焊接及验收规程》（JGJ 18—2012）中规定，从接头中抽取拉抻、弯曲试件共 100 组，一次合格率达 100%。

5）成本低，具有较好的经济价值。以 $\phi32$ 钢筋接头为例，与钢筋滚轧直螺纹连接比较如表 2－41 所示。

表 2－41   钢筋气压焊经济分析（元）

连接方法	材料费	设备折旧费	工　费	小　计
滚轧直螺纹	6.0	1.0	2.5	9.5
气压焊	1.0	1.5	2.0	4.5

3. 结语

采用半自动（或全自动）钢筋气压焊技术，可以简化操作工序，确保质量，提高工效，降低成本，符合国家节能环保政策，具有广阔的应用前景。

2.7　预埋件钢筋埋弧压力焊

常遇问题
1. 埋弧压力焊有哪些特点？
2. 埋弧压力焊和预埋件钢筋埋弧螺柱焊都有哪些区别？

【连接方法】

◆埋弧压力焊的基本原理

在埋弧压力焊时，钢筋与钢板之间引燃电弧之后，因为电弧作用使局部母材以及部分焊剂熔化及蒸发，金属和焊剂的蒸发气体及焊剂受热熔化所产生的气体形成一个空腔。空腔被熔化的焊剂形成的熔渣所包围，焊接电弧在这个空腔内燃烧。在焊接电弧热的作用下，熔化的钢筋端部及钢板金属形成焊接熔池。等钢筋整个截面均匀加热到一定温度，将钢筋向下顶压，立即切断焊接电源，冷却凝固后形成焊接接头。

整个焊接过程为：引弧→电弧→电渣→顶压。

但是，若钢筋直径较大时（$\phi18$ 及以上），焊接电流的增长较少，按照钢筋横截面面积计算，电流密度相对减小，这时势必增加焊接的通电时间。经测定，在电弧过程后期，电弧熄灭后，由电弧过程转化为电渣过程。这样，整个焊接过程就变为：引弧→电弧→电渣→顶压。

◆埋弧压力焊的特点

预埋件钢筋埋弧压力焊的优点是生产效率高、质量好等，适合于各种预埋件 T 形接头钢筋与钢板的焊接，预制厂大批量生产时，经济效益尤为显著。

1. 热效率高

在通常的自动埋弧焊中，因为焊剂及熔渣的隔热作用，电弧基本上无热的辐射损失，飞溅造成的热量损失也很小。虽用于熔化焊剂的热量有所增加，但总的热效率要比焊条电弧焊高很多。

在预埋件埋弧压力焊中，用于熔化钢筋、钢板的热量约占总热量的 72%，是相当高的。

2. 熔深大

因为焊接电流大，电弧吹力强，所以接头的熔深较大。

3. 焊缝质量好

采用一般的埋弧焊时，电弧区受到焊剂、熔渣、气腔的保护，基本上与空气隔绝，保护效果好，CO 是电弧区的主要成分。一般埋弧自动焊时焊缝金属的含氮量很低，含氧量也较低，焊缝金属力学性能良好。

焊接接头中没有气孔、夹渣等焊接缺陷。

4. 焊工劳动条件好

没有弧光辐射，放出的烟尘也较少。

5. 效率高

劳动生产率比焊条电弧焊要高 3～4 倍。

◆ **埋弧压力焊的适用范围**

预埋件钢筋埋弧压力焊适合于热轧 $\phi6\sim\phi25$HPB300、HRB335、HRB400 钢筋的焊接。若需要时，可用于 $\phi28$、$\phi32$ 钢筋的焊接。钢板为普通碳素钢 Q300A，厚度为 6～20mm，与钢筋直径相匹配，如钢筋直径粗、钢板薄，易将钢板过烧，甚至烧穿。

◆ **埋弧压力焊的工艺**

1. 焊剂

在预埋件钢筋埋弧压力焊中，可采用 HJ 431 焊剂。

2. 焊接操作

埋弧压力焊时，先将钢板放平，与铜板电极接触良好；将锚固钢筋夹于夹钳内，夹牢；放好挡圈，注满焊剂；接通高频引弧装置和焊接电源后，立即将钢筋上提 2.5～4mm，引燃电弧。若钢筋直径较细，适当延时，使电弧稳定燃烧；若钢筋直径较粗，则继续缓慢提升 3～4mm，再渐渐下送，使钢筋端部和钢板熔化，待达到一定时间后，迅速顶压。顶压时，不要用力过猛，防止钢筋插入钢板表面之下，形成凹陷。敲去渣壳，四周焊包应较均匀，凸出钢筋表面的高度至少 4mm，如图 2-72 所示。

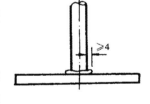

图 2-72　预埋件钢筋
埋弧压力焊接头

3. 钢筋位移

在采用手工埋弧压力焊机，并且钢筋直径较细或采用电磁式自动焊机时，钢筋的位移如图 2-73（a）所示；当钢筋直径较粗时，钢筋的位移如图 2-73（b）所示。

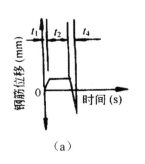

（a）

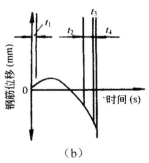

（b）

图 2-73　预埋件钢筋埋弧压力焊钢筋位移图解
（a）钢筋直径较细时的位移；（b）钢筋直径较粗时的位移
t_1—引弧过程；t_2—电弧过程；t_3—电渣过程；t_4—顶压过程

4. 埋弧压力焊参数

埋弧压力焊的主要焊接参数包括：引弧提升高度、电弧电压、焊接电流、焊接通电时间，参见表 2-42。

表 2-42　　　　　　　　　　　　　　　　　埋弧压力焊焊接参数

钢筋强度等级代号	钢筋直径/mm	引弧提升高度/mm	电弧电压/V	焊接电流/A	焊接通电时间/s
	6	2.5	30～35	400～450	2
	8	2.5	30～35	500～600	3
	10	2.5	30～35	500～650	5
	12	3.0	30～35	500～650	8
HPB300	14	3.5	30～35	500～650	15
HRB335	16	3.5	30～40	500～650	22
HRB400	18	3.5	30～40	500～650	30
	20	3.5	30～40	500～650	33
	22	4.0	30～40	500～650	36
	25	4.0	30～40	500～650	40

在生产中，若具有 1000 型弧焊变压器，可采用大电流、短时间的强参数焊接法，以提高劳动生产率。例如：焊接 $\phi10$ 钢筋时，采用焊接电流 550～650A，焊接通电时间 4s；焊接 $\phi16$ 钢筋时，为 650～800A，11s；焊接 $\phi25$ 钢筋时，为 650～800A，23s。

5. 埋弧压力焊工艺应符合的规定

1）钢板应放平，并应与铜板电极接触紧密。

2）将锚固钢筋夹于夹钳内，应夹牢；并应放好挡圈，注满焊剂。

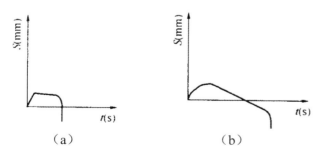

图 2-74　预埋件钢筋埋弧压力焊上钢筋位移
S—钢筋位移；t—焊接时间
(a) 小直径钢筋；(b) 大直径钢筋

3）接通高频引弧装置和焊接电源后，应立即将钢筋上提，引燃电弧，使电弧稳定燃烧，再渐渐下送。

4）顶压时，用力应适度，如图 2-74 所示。

5）敲去渣壳，四周焊包凸出钢筋表面的高度，当钢筋直径为 18mm 及以下时，不得小于 3mm，当钢筋直径为 20mm 及以上时，不得小于 4mm。

6. 焊接缺陷及消除措施

在埋弧压力焊过程中，引弧、燃弧（钢筋维持原位或缓慢下送）和顶压等环节应密切配合；焊接地线应与铜板电极接触良好，并对称接地；及时消除电极钳口的铁锈和污物，修理电极钳口的形状等，以保证焊接质量。

焊工应认真自检，若发现焊接缺陷时，应参照表 2-43 查找原因，及时消除。

表 2 – 43   预埋件钢筋埋弧压力焊接头焊接缺陷及消除措施

项次	焊接缺陷	产 生 原 因	消 除 措 施
1	钢筋咬边	1）焊接电流太大或焊接时间过长 2）顶压力不足	1）减小焊接电流或缩短焊接时间 2）增大压力量
2	气孔	1）焊剂受潮 2）钢筋或钢板上有铁锈、油污	1）烘焙焊剂 2）消除钢板和钢筋上的铁锈、油污
3	夹渣	1）焊剂中混入杂物 2）过早切断焊接电流 3）顶压太慢	1）清除焊剂中熔渣等杂物 2）避免过早切断焊接电流 3）加快顶压速度
4	未焊合	1）焊接电流太小，通电时间太短 2）顶压力不足	1）增大焊接电流，增加熔化时间 2）适当加大压力
5	焊包不均匀	1）焊接地线接触不良 2）未对称接地	1）保证焊接地线的接触良好 2）使焊接处对称导电
6	钢板焊穿	1）焊接电流太大或焊接时间过长 2）钢板局部悬空	1）减小焊接电流或减少焊接通电时间 2）在焊接时避免钢板呈局部悬空状态
7	钢筋淬硬脆断	1）焊接电流太大，焊接时间太短 2）钢筋化学成分超标	1）减小焊接电流，延长焊接时间 2）检查钢筋化学成分
8	钢板凹陷	1）焊接电流太大，焊接时间太短 2）顶压力太大，压入量过大	1）减小焊接电流，延长焊接时间 2）减小顶压力，减小压入量

◆埋弧压力焊的设备

1. 设备要求

预埋件钢筋埋弧压力焊设备应符合下列要求：

1）当钢筋直径为 6mm 时，可选用 500 型弧焊变压器作为焊接电源；当钢筋直径为 8mm 及以上时，应选用 1000 型弧焊变压器作为焊接电源。

2）焊接机构应操作方便、灵活；宜装有高频引弧装置；焊接地线宜采取对称接地法，以减少电弧偏移（图 2-75）；操作台面上应装有电压表和电流表。

3）控制系统应灵敏、准确，并应配备时间显示装置或时间继电器，以控制焊接通电时间。

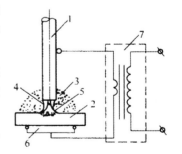

图 2-75 对称接地示意
1—钢筋；2—钢板；3—焊剂；
4—电弧；5—熔池；6—铜板
电极；7—焊接变压器

2. 焊接机构

手动式焊机的焊接机构通常采用立柱摇臂式，它由机架、机头和工作平台三部分组成。焊接机架是一摇臂立柱，焊接机头装在摇臂立柱上。摇臂立柱装在工作平台上。焊接机头可在平台上方，向前后、左右移动。摇臂可方便地上下调节，工作平台中间要嵌装一块铜板电极，在一侧装有漏网，漏网下有贮料筒，存贮使用过的焊剂。

3. 控制系统

控制系统是由控制变压器、互感器、接触器、继电器等组成；另外还有引弧用的高频振荡器。

主要部件都集中地组装在工作平台下的控制柜内，焊接机构与控制柜组成一体。

工作平台上装有电压表、电流表、时间显示器，用以观察次级电压（空载电压、电弧电压）、焊接电流以及焊接通电时间。

电气控制原理图如图 2-76 所示。

4. 高频引弧器

高频引弧器是埋弧压力焊机中的重要组成部分，高频引弧器的种类较多，以采用火花隙高频电流发生器为佳。它具有吸铁振动的火花隙机构（感应线圈），不但能简化高压变电器的结构，而且可以从小功率中获得振荡线圈次级回路的高压，其工作原理如图 2-77 所示。

焊接开始的瞬间，电流从 A、B 接入，由 E 点处电流经过常闭触点 K，使 L、K 构成回路，

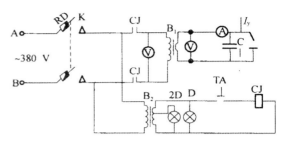

图 2-76　手工埋弧压力焊机电气原理图
K—铁壳开关；RD—管式熔断器；B_1—弧焊变压器；
B_2—控制变压器；D—焊接指示灯；C—保护电容；
2D—电源指示灯；TA—掀动按钮；CJ—交流接触器；
I_y—高频振荡引弧电流接入

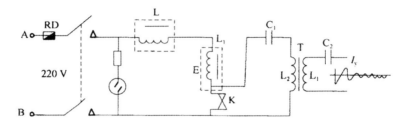

图 2-77　高频引弧器工作原理图

L_1 导电，吸引线圈开始动作，把触头 K 分开，随后电流向电容 C_1 充电，经过一定时间，当正弦波电流为零值时，吸力消失，触头 K 闭合，这时 C_1、线圈 L_2 经触头 K 形成一闭合回路，C_1 向 C_2 放电，电容器的静电能就转换为线圈的电磁能。

电容器放电后，储藏在线圈内的电磁能沿电路重新反向通电，致使电容器又一次被充电，这种过程重复地继续。若回路内没有损耗，其振荡就不会停止。实际上，回路内有电阻，这种振荡会迅速减少至零，其持续时间一般仅为数毫秒，外加正弦电流从零逐渐增加，使 L_1 导电，K 分开，振荡回路被切断，致使电容器 C_1 又接受电流充电，再次重复上述过程。这样，就可产生高频振荡电流 I_y。

5. 钢筋夹钳

对钢筋夹钳的要求是：

1）钳口可以依据焊接钢筋直径大小调节。

2）通电导电性能应良好。

3）夹钳松紧应适宜。在操作中，往往由于接触不好，导致钳口及钢筋之间产生电火花现象，钢筋表面烧伤，为此一定要在夹钳尾部安装顶杠及弹簧，使其自行调节夹紧，防止产生火花。

6. 电磁式自动埋弧压力焊机

焊接电源采用 BX2-1000 型弧焊变压器。

焊接机构由机架、工作平台和焊接机头构造组成。焊接机头构造如图 2-78 所示。

焊接机头应装在可动横臂的前端。可动横臂能前后滑动和绕立柱转动，是由电磁铁和锁紧机构来控制的；焊接机构的立柱可上下调整，用以适应不同长度钢筋预埋件的焊接；工作平台上应放置被焊钢板，台面上装有导电夹钳。

控制箱内安有延时调节器的自动控制系统、高频振荡器和焊接电流、电压指示仪表等。

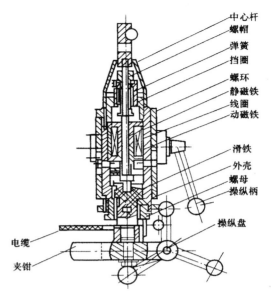

图 2-78　焊接机头构造简图

◆ 预埋件钢筋埋弧螺柱焊

1. 埋弧螺柱焊的设备

预埋件钢筋埋弧螺柱焊设备应包括：埋弧螺柱焊机、焊枪、焊接电缆、控制电缆和钢筋夹头等。

2. 埋弧螺柱焊的焊机

埋弧螺柱焊机应由晶闸管整流器和调节—控制系统组成，有多种型号，在生产中，应根据表 2-44 选用。

表 2-44　　　　　　　　埋弧螺柱焊机选用

序号	钢筋直径/mm	焊机型号	焊接电流调节范围/A	焊接时间调节范围/s
1	6～14	RSM-1000	100～1000	1.30～13.00
2	14～25	RSM-2500	200～2500	1.30～13.00
3	16～28	RSM-3150	300～3150	1.30～13.00

3. 埋弧螺柱焊的焊枪

埋弧螺柱焊焊枪有电磁铁提升式和电动机拖动式两种，生产中，应根据钢筋直径和长度选用焊枪。

4. 埋弧螺柱焊的工艺

预埋件钢筋埋弧螺柱焊工艺应符合下列规定：

1）将预埋件钢板放平，在钢板的远处对称点，用两根电缆将钢板与焊机的正极连接，将焊枪与焊机的负极连接，连接应紧密、牢固。

2）将钢筋推入焊枪的夹持钳内，顶紧于钢板，在焊剂挡圈内注满焊剂。

3）应在焊机上设定合适的焊接电流和焊接通电时间；应在焊枪上设定合适的钢筋伸出长度和钢筋提升高度，详见表 2-45。

4）按动焊枪上按钮"开"，接通电源，钢筋上提，引燃电弧，如图 2-79 所示。

5）经过设定燃弧时间，钢筋自动插入熔池，并断电。

6）停息数秒钟，打掉渣壳，四周焊包应凸出钢筋表面；当钢筋直径为 18mm 及以下时，凸出高度不得小于 3mm；当钢筋直径为 20mm 及以上时，凸出高度不得小于 4mm。

◆ 埋弧压力焊接头的质量检验

预埋件钢筋埋弧压力焊接头质量标准及检验方法，见表 2-46。

表 2-45　　　　　　　　　　　　　　　　埋弧螺柱焊焊接参数

钢筋强度等级代号	钢筋直径/mm	焊接电流/A	焊接时间/s	提升高度/mm	伸出长度/mm	焊剂牌号	焊机型号
HPB300 HRB335 HRBF335 HRB400 HRBF400	6	450～550	3.2～2.3	4.8～5.5	5.5～6.0	HJ 431 SJ 101	RSM1000
	8	470～580	3.4～2.5	4.8～5.5	5.5～6.5		RSM1000
	10	500～600	3.8～2.8	5.0～6.0	5.5～7.0		RSM1000
	12	550～650	4.0～3.0	5.5～6.5	6.5～7.0		RSM1000
	14	600～700	4.4～3.2	5.8～6.6	6.8～7.2		RSM1000/2500
	16	850～1100	4.8～4.0	7.0～8.5	7.5～8.5		RSM2500
	18	950～1200	5.2～4.5	7.2～8.6	7.8～8.8		RSM2500
	20	1000～1250	6.5～5.2	8.0～10.0	8.0～9.0		RSM3150/2500
	22	1200～1350	6.7～5.5	8.0～10.5	8.2～9.2		RSM3150/2500
	25	1250～1400	8.8～7.8	9.0～11.0	8.4～10.0		RSM3150/2500
	28	1350～1550	9.2～8.5	9.5～11.0	9.0～10.5		RSM3150

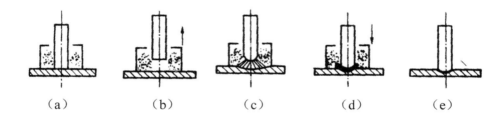

（a）　　　　　　（b）　　　　　　（c）　　　　　　（d）　　　　　　（e）

图 2-79　预埋件钢筋埋弧螺柱焊示意

（a）套上焊剂挡圈，顶紧钢筋，注满焊剂；（b）接通电源，钢筋上提，引燃电弧；
（c）燃弧；（d）钢筋插入熔池，自动断电；（e）打掉渣壳，焊接完成

表 2-46　　　　　　　　　预埋件钢筋埋弧压力焊接头质量标准及检验方法

项次	项目	质量要求及检验	取样数量
1	外观检查	埋弧压力焊接头外观检查结果，应符合下列要求： 1）四周焊包凸出钢筋表面的高度应不小于 4mm 2）钢筋咬边深度不得超过 0.5mm 3）与钳口接触处钢筋表面应无明显烧伤 4）钢板应无焊穿，根部应无凹陷现象 5）钢筋相对钢板的直角偏差不得大于 4° 6）钢筋间距偏差不应大于 10mm	预埋件钢筋 T 字接头的外观检查，应从同一台班内完成的同一类型预埋件中抽查 10%，且不得少于 10 件
2	拉伸试验	预埋件 T 字接头 3 个试件拉伸试验结果，其抗拉强度应符合下列要求： 1）HPB300 级钢筋接头均不得小于 350N/mm² 2）HRB335 级钢筋接头均不得小于 490N/mm² 当试验结果有 1 个试件的抗拉强度小于规定值时，应再取 6 个试件进行复验。复验结果，当仍有 1 个试件的抗拉强度小于规定值时，应确认该批接头为不合格品。对于不合格品采取补强焊接后，可提交二次验收	当进行力学性能试验时，应以 300 件同一类型预埋件作为一批。一周内连续焊接时，可累计计算。当不足 300 件时，也应按一批计算。应从每批预埋件中随机切取 3 个试件进行拉伸试验

注　试件的尺寸如图 2-81 所示。如果从成品中切取的试件尺寸过小，不能满足试验要求时，可按生产条件制作模拟试件。

力学性能检验时，应以 300 件同类型预埋件作为一批。一周内连续焊接时，可累计计算。当不足 300 件时，亦应按一批计算。应从每批预埋件中随机切取 3 个接头做拉伸试验。试件的钢筋长度应不大于或等于 200mm，钢板（锚板）的长度和宽度应等于 60mm，并视钢筋直径的增大而适当增大，如图 2-80 所示。

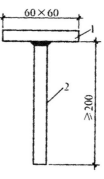

图 2-80　预埋件
T 形接头拉伸试件
1—钢板；2—钢筋

【实例】

【例 2-14】　中港第三航务工程局上海浦东分公司应用预埋件钢筋埋弧压力焊已有多年。该公司主要生产预应力混凝土管桩（$\phi600\sim\phi1200$）、钢筋混凝土方桩及梁、板等预制混凝土构件。管桩端板制作中采用了钢筋埋弧压力焊。钢筋强度等级代号是 HRB335，直径为 10mm、12mm、14mm。端板最大外径为 1200mm，锚筋为 18 根，由于工作量大，公司自制埋弧压力焊机 2 台，焊接电源为上海电焊机厂生产的 BX2-1000 型弧焊变压器。施焊时，电弧电压为 25~30V，焊剂 431。2002 年生产管桩端板 35000 件。此外，还生产其他预埋件 32.6t。埋弧压力焊生产率高，焊接质量好，改善焊工劳动条件，具有明显的技术经济效益。

【例 2-15】　埋弧螺柱焊在北京国家体育场工程的应用

1. **基本情况**

钢筋采用 HRB400，直径为 20mm，长度为 700mm；钢板 Q345B，厚度为 200mm，平面尺寸为 80mm×80mm，预埋件总数 568 个，每一预埋件钢筋接头数 8 个。螺柱焊机型号 RSM2500，焊剂牌号 SJ101，烘干温度为 350℃，为 120min。

2. **SJ101 焊剂性能**

该焊剂是氟碱型烧结焊剂，属碱性焊剂。呈灰色圆形颗粒，碱度值为 1.8，粒度为 2.0~2.8mm（10~16 目）。可交流、直流两用，直流焊时钢筋（焊丝）接正极，电弧燃烧稳定，脱渣容易，焊缝成型美观。焊缝金属具有较高的低温冲击韧度，该焊剂具有较好的抗吸潮性。

3. **焊接工艺参数**

焊接电流为 1800A，焊接时间指示刻度 2 格，钢筋提升高度为 3~5mm，伸出长度为 9~10mm。

4. **焊接接头质量**

国家体育场有 568 个预埋件，4 万多个接头全部按此焊接工艺进行焊接，施工过程中对 T 形接头抽检 40 多件，全部试验合格。国家体育场结构柱每根柱重量达 700t，没有发生因预埋件焊接质量而引起柱安装变形的质量问题。

【例 2-16】　埋弧螺柱焊在上海世博会工程中的应用

1. **基本情况**

该焊接技术在上海世博会中国馆、上海世博会演艺中心工程中应用。钢筋强度等级代号 HRB400，直径为 25mm 和 28mm，长 900mm；钢板牌号 Q345B，厚度不小于 30mm，平面尺寸为 800mm×1000mm，预埋件总数 50 个，每个预埋件钢筋接头数 60 个。焊机型号为 RSM5-A3150；焊剂牌号 SJ101，烘干温度为 350℃，时间 120min。

2. **焊接参数**

焊接电流为 1300A，焊接时间 6s，提升高度为 7mm，伸出长度为 11mm。

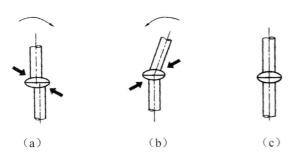

图 2-81 接头轴线偏移加热矫正示意

（a）第一次加热扳移；（b）第二次加热扳正；（c）已矫正
"粗箭线"—为火焰加热方向；"细箭线"—为用力扳移方向

3. 接头外观质量检查

符合行标《钢筋焊接及验收规程》（JGJ 18—2012）中的相关规定。

1）本条明确规定以 300 个同牌号钢筋接头作为一批。

2）本条文规定对钢筋熔态气压焊接头的镦粗直径与固态气压焊接头相比，稍有不同。

接头轴线偏移在钢筋直径 3/10 以下时，可加热矫正，如图 2-81 所示。

4. 接头力学性能检验

拉伸试验结果，断裂于钢筋母材，抗拉强度为 550～610MPa，接头合格。

2.8 钢筋绑扎搭接

常遇问题

1. 什么是钢筋绑扎搭接？钢筋绑扎搭接都有哪些特点？

2. 什么情况适合钢筋绑扎搭接？

【连接方法】

◆**钢筋绑扎搭接的基本原理**

钢筋绑扎搭接的基本原理是：将两根钢筋搭接一定长度，用细钢丝在多处将两钢筋绑扎牢固，置于混凝土中。承受荷载后，一根钢筋中的力通过钢筋与混凝土之间的握裹力（黏结力）传递给附近混凝土，再由混凝土传递给另一根钢筋。

◆**钢筋绑扎搭接的适用范围**

现行国家标准《混凝土结构工程施工质量验收规范》（GB 50204—2002）中规定如下：

1）纵向受力钢筋的连接方式应符合设计要求。

2）钢筋的接头宜设置在受力较小处。同一纵向受力钢筋不宜设置两个或两个以上接头。接头末端至钢筋弯起点的距离不应小于钢筋直径的 10 倍。

◆**钢筋绑扎搭接的传动机理**

1. 传力机理

（1）搭接传力的本质

搭接钢筋之间能够传递内力，完全仰仗周围握裹层混凝土的黏结锚固作用。相背受力的两根钢筋分别将内力传递给混凝土，实际上就是通过握裹层混凝土完成了内力的过渡。因此钢筋搭接传力的本质，就是钢筋与混凝土的黏结锚固作用。

深入分析钢筋与混凝土的黏结锚固机理，主要是依靠钢筋横肋对混凝土咬合齿的挤压作用。

由于钢筋横肋的挤压面是斜向的，因此挤压推力也是斜向的，这就形成了黏结锚固在界面上的锥楔作用，如图 2-82（a）所示。锥楔作用在纵向的分力即为锚固力，而在径向的推挤力，往往就引起握裹层混凝土顺着钢筋方向的纵向劈裂力，如图 2-82（b）所示，并形成沿钢筋轴线方向的劈裂裂缝。

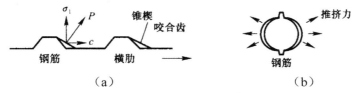

图 2-82 钢筋与混凝土界面的锥楔作用和纵间劈裂
（a）界面的锥楔作用；（b）纵间劈裂力

（2）搭接传力的特点

钢筋的搭接传力基本是锚固问题，但也有其特点：一是两根钢筋的重叠部位混凝土握裹力受到削弱，因此钢筋的搭接强度小于其锚固强度，钢筋的搭接长度通常以相应的锚固长度折算，并且长度也稍大。二是搭接的两根钢筋锥楔作用的推力都是向外的，如图 2-83（a、b）所示。因此在两根搭接钢筋之间就特别容易产生劈裂裂缝，即搭接钢筋之间的缝将裂缝，如图 2-83（c）所示。搭接钢筋之间的这种裂缝继续发展，最终将形成构件搭接传力的破坏，如图 2-83（d）所示。而搭接长度范围内的围箍约束作用，对于保证搭接连接的传力，有着防止搭接钢筋分离的控制作用，如图 2-83 所示。

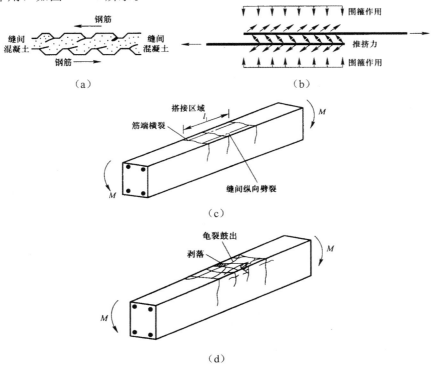

图 2-83 钢筋搭接的传力机理
（a）搭接钢筋之间的推力；（b）钢筋之间的推挤力及劈裂裂缝；
（c）受弯构件的搭接裂缝；（d）构件搭接接头的破坏

2. 传力性能

绑扎搭接连接是施工最为简便的钢筋连接方式。经过系统的试验研究和长期的工程经验，采取一定的构造措施，绑扎搭接连接能够满足可靠传力的承载力要求。但是，由于两根钢筋之间的相对滑移，搭接连接区段的伸长变形往往加大，割线模量 E_s 肯定会减小，小于钢筋弹性模量 E_c，如图 2-84 所示。而且构件卸载以后，搭接连接区段还会留下残余变形 ε_r 和在搭接接头两端的残余裂缝，如图 2-85 所示。因此搭接接头处受力以后的恢复性能变差。通常，钢筋搭接连接的破坏是延性的，只要有配箍约束使绑扎搭接的两根钢筋不分离，就不会发生钢筋传力中断的突然性破坏，如图 2-83（d）所示。

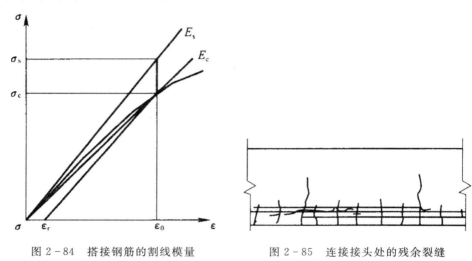

图 2-84　搭接钢筋的割线模量　　　　图 2-85　连接接头处的残余裂缝

◆**钢筋绑扎搭接工作要求**

1. 常用工具

1）铅丝钩是主要的钢筋绑扎工具，其形状如图 2-86 所示，是用直径为 12～16mm、长度为 160～200mm 圆钢筋制作。根据工程需要，可在其尾部加上套管、小扳口等形式的钩子。

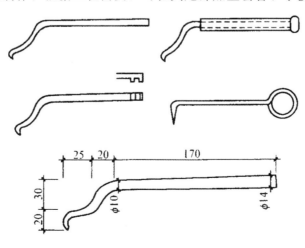

图 2-86　铅丝钩

2）小撬棒用来调整钢筋间距，矫直钢筋的部分
弯曲，垫保护层水泥垫块等，如图 2-87 所示。

图 2-87　小撬棒

2. 绑扎用铁丝

钢筋绑扎用的铁丝，可采用 20～22 号铁丝，其
中 22 号铁丝只用于绑扎直径 12mm 以下的钢筋。铁
丝长度可参考表 2-47 的数值采用。因铁丝是成盘供应的，故习惯上是按每盘铁丝周长的几分之
一来切断。

表 2-47　　　　　　　　　　钢筋绑扎铁丝长度参考表　　　　　　　　　（单位：mm）

钢筋直径	3～5	6～8	10～12	14～16	18～20	22	25	28	32
3～5	120	130	150	170	190				
6～8		150	170	190	220	250	270	290	320
10～12			190	220	250	270	290	310	340
14～16				250	270	290	310	330	360
18～20					290	310	330	350	380
22						330	350	370	400

3. 绑扎钢筋操作方法

绑扎钢筋是借助钢筋钩用铁丝把各种单根钢筋绑扎成整体骨架或网片。绑扎钢筋的扎扣方
法按稳固、顺势等操作的要求可分为若干种，其中，最常用的是一面顺扣绑扎方法。

（1）一面顺扣操作法

一面顺扣操作法如图 2-88 所示，绑扎时先将铁丝扣穿套钢筋交叉点，接着用钢筋钩钩住铁
丝弯成圆圈的一端，旋转钢筋钩，一般旋 1.5～2.5 转即可。操作时，扎扣要短，才能少转快
扎。这种方法操作简便，绑点牢靠，适用于钢筋网、骨架各个部位的绑扎。

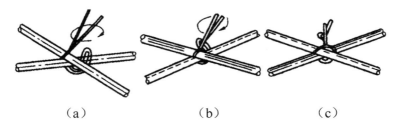

（a）　　　　　　　（b）　　　　　　　（c）

图 2-88　钢筋一面顺扣绑扎法

（2）其他扎扣方法

钢筋绑扎除一面顺扣操作法之外，还有十字花扣、反十字花扣、兜扣、缠扣、兜扣加缠、
套扣等，这些方法主要根据绑扎部位的实际需要进行选择，表 2-48 所示为其他几种扎扣方式。
其中，十字花扣、兜扣适用于平板钢筋网和箍筋处绑扎；缠扣主要用于混凝土墙体和柱子箍筋
的绑扎；反十字花扣、兜扣加缠适用于梁骨架的箍筋与主筋的绑扎；套扣用于梁的架立钢筋和
箍筋的绑扎点处。

表 2 - 48   钢筋的其他绑扎方法

序 号	名 称	样 式
1	兜扣	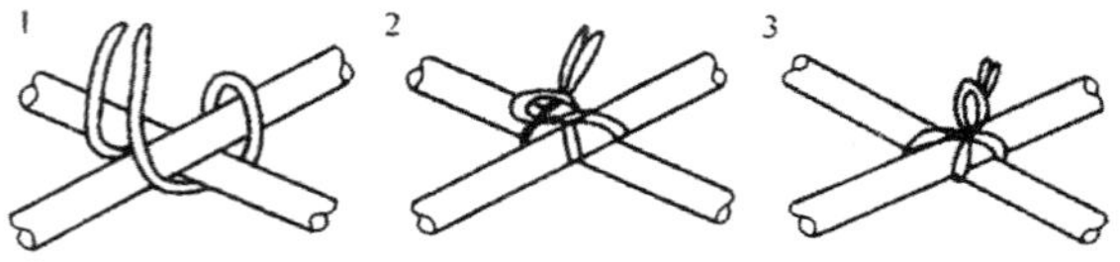
2	十字花扣	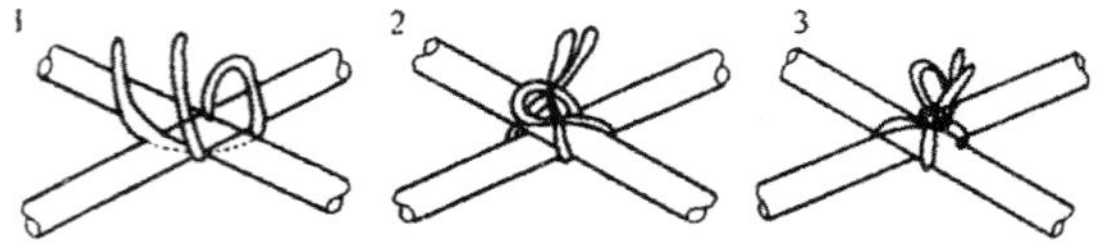
3	缠扣	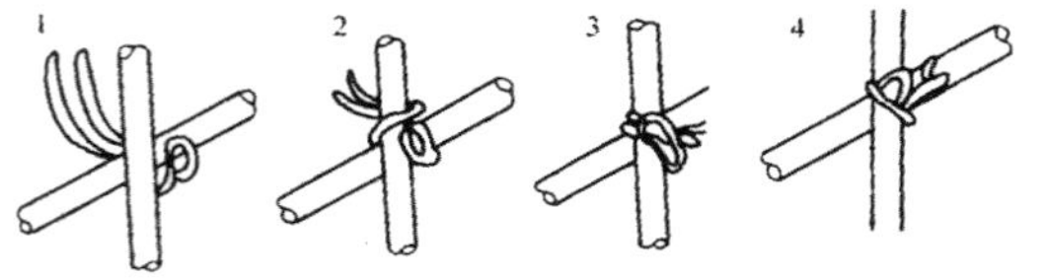
4	反十字花扣	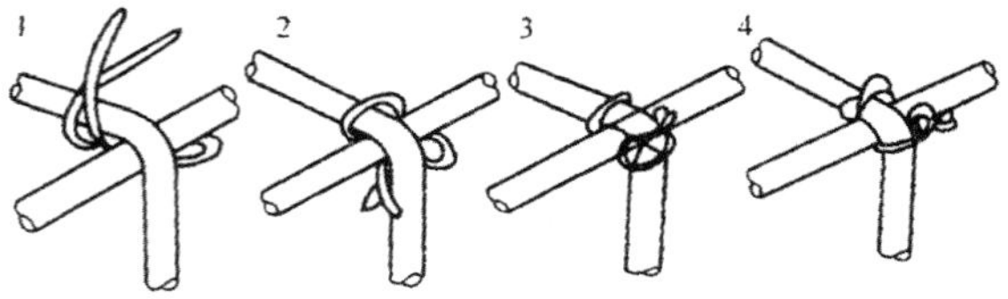
5	套扣	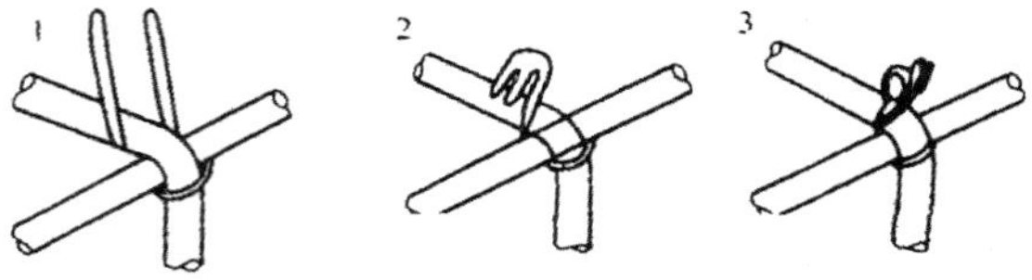
6	兜扣加缠	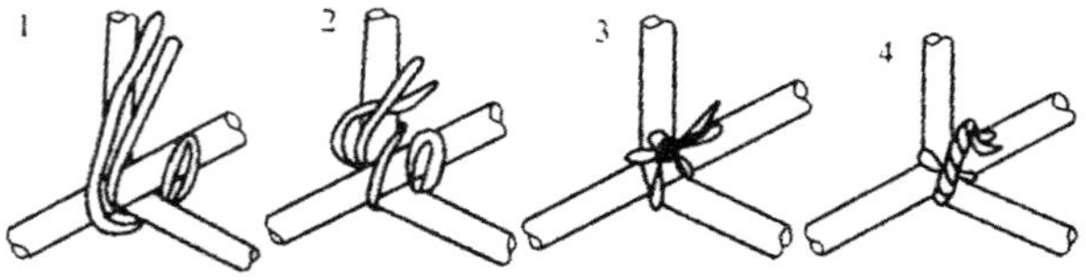

◆钢筋绑扎搭接的检验

1. 绑扎搭接的操作

钢筋搭接接头的绑札操作，要求在接头的中心和两端都要求用细钢丝扎牢。

2. 检查方法

搭接接头施工质量的检查，可以采用观察的方式解决。上述规定的接头位置、数量、面积百分率、搭接长度、箍筋直径、间距和绑扎质量……都能够通过目测、观察的方法检查。对难以判断或有争议的个别项目，可以辅以钢尺量测解决。很容易检查和落实，这也是绑扎搭接接头施工质量能够得到保证的重要原因。

钢筋的绑札搭接接头的施工质量检查有两个层次：在施工过程中按检验批的检查验收和隐蔽工程验收。

3. 施工过程的检查

(1) 检验批

在施工过程中，钢筋的安装质量（包括绑扎搭接的质量）按检验批进行检查。施工质量验收规范《混凝土结构工程施工质量验收规范》（GB 50204—2002）规定：对钢筋的施工质量，根据与施工方式相一致，且便于控制施工质量的原则，按工作班、楼层、结构缝或施工段划分为若干检验批，进行检查和验收。

(2) 抽查比例

《混凝土结构工程施工质量验收规范》（GB 50204—2002）的规定：在同一检验批内，对梁、柱和独立基础，应抽查构件数量的 10%，且不少于 3 件；对墙、板，应按有代表性的自然间抽查 10%，且不少于 3 间；对大空间结构、墙可按相邻轴线间高度 5m 左右划分检查面，板可按纵、横轴线划分检查面，抽查 10%，且不少于 3 面。

(3) 检查验收条件

对于影响构件结构传力的主控项目，必须满足设计的要求；而对于对传力性能没有决定性影响的一般项目，则允许有不超过 20% 的缺陷。即检查合格点率达到 80% 及以上，即可按检验批合格验收。

4. 隐蔽工程验收

在钢筋工程按检验批验收合格以后，浇筑混凝土之前，还必须进行隐蔽工程的检查和验收。隐蔽工程验收包括对钢筋工程的全部质量要求，当然也包括钢筋搭接连接的内容：接头位置、接头数量；接头面积百分率；箍筋的规格、数量、间距等。

隐蔽工程的检查和验收是由有关质量的各方面进行的全面检查，并需要相应各方签字确认。隐蔽工程验收以后就开始浇筑混凝土，被混凝土掩盖以后，钢筋的施工质量，包括搭接接头的质量，就很难再进行检查了。

【实例】

【例 2-17】　某构件为二级抗震等级，混凝土强度等级 C35，纵向受拉钢筋采用 RRB400（Ⅲ）级 $\phi28$ 环氧树脂涂层钢筋，绑扎接头面积百分率介于 40%，试确定其搭接长度。

解： 最小搭接长度 $=40d\times1.2\times1.1\times1.25\times1.15=75.9d=2126$（mm）。

钢筋每个接头可按增加 2150mm 长度备料。

【例 2-18】　某构件无抗震设防要求，混凝土强度等级 C25，纵向受压钢筋采用 HRB335（Ⅱ）级 $\phi18$ 带肋钢筋，绑扎接头面积百分率介于 60%，试确定其搭接长度。

解： 最小搭接长度 $=45d\times1.35\times0.7=42.525d=765.45$（mm）。

钢筋每个接头可按增加 800mm 长度备料。

【例 2-19】　某无垫层基础梁构件，最小混凝土保护层厚度为 70mm，按 3 级抗震等级要求设防，混凝土强度等级 C30，纵向受拉钢筋采用 HRB400（Ⅲ）级 $\phi22$ 带肋钢筋，绑扎接头面积百分率 40%，试确定其搭接长度。

解： 最小搭接长度 $=40d\times1.2\times0.8\times1.05=40.32d=887.04$（mm）。

钢筋每个接头可按增加 900mm 长度备料。

第 3 章

钢 筋 机 械 连 接

3.1　钢筋套筒挤压连接

常遇问题

1. 请简单阐述钢筋套筒挤压连接的设备。
2. 钢筋套筒挤压连接都有哪些异常现象？应该如何解决？

【连接方法】

◆钢筋套筒挤压连接的基本原理

　　钢筋套筒挤压连接是通过挤压力使连接件钢套塑性变形与带肋钢筋紧密咬合形成接头的连接技术。套筒挤压连接有两种：一种是套筒的变形有径向塑性变形——钢筋径向套筒挤压连接接头；另一种是套筒钢筋轴向变形挤压连接。钢筋径向套筒挤压连接应用最多，套筒钢筋轴向变形挤压连接的机具重、应用少。一般套筒挤压连接多指钢筋径向套筒挤压连接，以下简称钢筋套筒挤压连接或钢筋挤压连接，如图 3-1 所示。

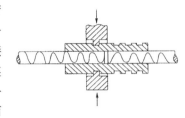

图 3-1　钢筋径向挤压连接

◆钢筋套筒挤压连接的特点

　　与其他钢筋连接相比，钢筋挤压的特点如下：

　　1) 接头强度高，刚度和韧性也高，能够承受高应力、大变形反复拉压、动力载荷和疲劳载荷。

　　按《钢筋机械连接技术规程》(JGJ 107—2010) 标准的型式试验，通过单向拉伸、弹性范围反复拉压、塑性范围反复拉压试验，其强度、刚度和韧性均达到最高等级 (Ⅰ级) 性能的要求。在结构中的使用部位均可不受限制。更适用于只能采用 100% 的接头百分率Ⅰ级接头的场合，如桥梁施工中钢筋笼对接；地下连续墙与水平钢筋的连接；滑模、提模施工中钢筋的连接等场合。

　　2) 操作简便，工人经过短时间培训后即可上岗操作。

　　钢筋套筒挤压连接施工工艺简单，设备操作容易、方便，接头质量控制直观，工人经短时间培训就能独立操作，制作出合格接头。

　　3) 连接时无明火，操作不受气候环境影响，在水中和可燃气体环境中均可作业。

　　挤压连接设备为液压机械设备，施工时，在环境温度下的钢套筒进行冷挤压，无高温也没有明火，完全不受周围环境的影响，即使雨、雪天气，易燃、易爆气体环境，甚至水下连接，都能够正常施工作业。

　　4) 节约能源，每台设备功率仅为 1.5~2.2kW。

　　挤压连接设备的动力为小功率三相电动机，耗电量小，节省能源。并且，施工无需配备大容量电力设备，减少了现场设备投资，特别适用于电力紧张地区的施工。

　　5) 接头检验方便。通过外观检查挤压道数和测量压痕处直径即可判定接头质量，现场机械性能抽样数量仅为 0.6%，节省检验试验费用，以及质量控制管理费用。现场抽样检验合格率可达到 100%。

6）施工速度快。连接一个 $\phi32$ 钢筋接头仅需 2～3min。并且，无需对钢筋端部特别处理。在施工现场、加工场区，将钢套筒与钢筋连接，完成挤压接头的一半，在现场挤压另一半，减少钢筋因两端加工而来回搬运的工作和作业场地。

可见，钢筋径向套筒挤压连接技术是一种质量好、速度快、易掌握、易操作、节约能源和材料、综合经济效益好的钢筋连接技术。

◆ 钢筋套筒挤压连接的适用范围

钢筋径向挤压连接适用于地震区和非地震区的钢筋混凝土结构的带肋钢筋连接施工。可连接 HRB335、HRB400 级直径为 $\phi12～\phi40mm$ 的钢筋。

钢筋轴向挤压连接适用于按一、二级抗震区和非地震区的钢筋混凝土结构的钢筋连接施工。连接钢筋规格为 HRB335、HRB400 级直径为 $\phi20～\phi32mm$ 的竖向、斜向和水平钢筋。

◆ 钢筋套筒挤压连接的工艺

1. 准备工作

1）根据压接连接的钢筋直径、材料及选用的连接套筒，计算并通过试验确定压接力与压接次数。

2）进行操作人员的培训。经考试合格后方准上岗，无操作证者不准施工。

3）选择适宜的施工设备，同时应检查设备运行情况是否正常。

4）钢套筒运入施工现场后，应从加工的钢套筒中抽取 5% 进行检查验收，不合格者不准进场。

2. 工艺要点

1）将钢筋插入套筒内，使钢套筒端面与钢筋伸入位置标记线对齐。

2）按照钢套筒压痕位置标记，对正压模位置，并使压模运动方向与钢筋两纵肋所在的平面相垂直，保证最大压接面能在钢筋的横肋上。

3）压接采用预先压接一半钢筋接头，然后吊运到作业部位，再完成另一半钢筋接头，这样可以减少高空作业的难度，加快施工速度。

4）施工时要正确掌握挤压工艺的 3 个参数。

①压接顺序：要从中间逐道向两端压接。

②压接力：压接力的大小以钢套筒与钢筋紧密紧固为好，可按有关规定执行。

③压接道数：它直接关系到接头质量和施工速度，可按有关规定执行。

3. 挤压连接钢筋半接头工艺

先将套筒挤压到待连接钢筋上。挤压操作步骤如图 3-2 所示。

1）装好高压油管和钢筋配用的限位器、套筒、压模，且在压模内壁涂上羊油，如图 3-2（a）所示。

2）按下手控"上"的按钮，使套筒对正压模内孔，然后按手控"停止"按钮，如图 3-2（b）所示。

3）插入钢筋，顶到限位器上并扶正，如图 3-2（c）所示。

4）按下手控"上"的按钮，进行挤压，如图 3-2（d）所示。

5）若听到液压油的"吱吱"溢流声，再按手控"下"按钮，退回柱塞，取下压模，如图 3-

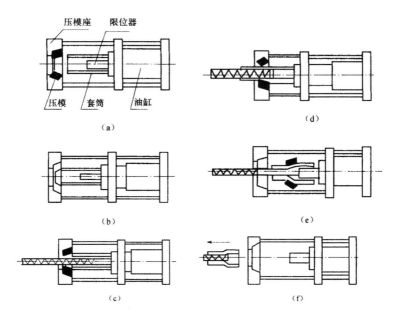

图 3-2 挤压连接钢筋半接头的操作步骤

2（e）所示。

    6）取出套筒半接头，结束半接头挤压作业，如图 3-2（f）所示。

    4. 挤压连接竖向钢筋接头工艺

    先在待连接钢筋附近搭好脚手架，铺上脚手板。将手拉葫芦挂在脚手架上，先把待连接钢筋全部插到被连接的钢筋上，再用手拉葫芦把挤压机就位到连接钢筋部位。这时可进行挤压连接作业。其步骤如图 3-3 所示。

    1）先将半套筒接头插入结构待连接的钢筋上，再使挤压机就位到钢筋半接头的套筒上，摘掉手拉葫芦挂钩后，扶直钢筋，如图 3-3（a）所示。

    2）放置与钢筋配用的压模和垫块 B，如图 3-3（b）所示。

    3）按下手控"上"按钮，进行挤压，听到液压油的"吱吱"溢流声即可，如图 3-3（c）所示。

    4）按下手控"下"按钮，退回柱塞及导向板，装上垫块 C，如图 3-3（d）所示。

    5）按下手控"上"按钮，进行挤压，如图 3-3（e）所示。

    6）按下手控"上"按钮，退回柱塞，再加垫块 D，如图 3-3（f）所示。

    7）按下手控"下"按钮，退回柱塞，按手控"上"按钮，进行挤压，如图 3-3（g）所示。

    8）取下垫块、压模，卸下挤压机，钢筋连接完毕，如图 3-3（h）所示。

    5. 挤压连接水平钢筋接头工艺

    先将挤压机水平放在两根与挤压机垂直的钢管上，然后把插入半接头的待连接钢筋水平放置到挤压机的压模里，这时就可按挤压竖向钢筋的步骤挤压连接钢筋。

    6. 注意事项

    1）钢筋挤压连接，要求钢筋最小中心间距为 90mm。

    2）连接钢筋轴线应与钢筋套筒的轴线保持在一直线上，防止偏心和弯折。

    3）连接质量必须按规范有关规定要求执行。

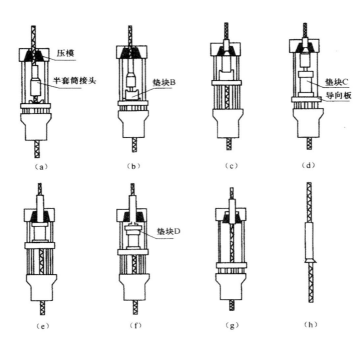

图 3-3 挤压连接竖向钢筋接头的操作步骤

7. 钢筋套筒挤压连接异常现象及消除措施

在套筒挤压连接中，当出现异常现象或连接缺陷时，宜按表 3-1 查找原因，采取措施，及时消除。

表 3-1   钢筋套筒挤压连接异常现象及消除措施

项次	异常现象和缺陷	原因或消除措施
1	挤压机无挤压力	1）高服油管连接位置不正确 2）油泵故障
2	钢套筒套不进钢筋	1）钢筋弯折或纵肋超偏差 2）砂轮修磨纵肋
3	压痕分布不匀	压接时将压模与钢套筒的压接标志对正
4	接头弯折超过规定值	1）压接时摆正钢筋 2）切除或调直钢筋弯头
5	压接程度不够	1）泵压不足 2）钢套筒材料不符合要求
6	钢筋伸入套筒内长度不够	1）未按钢筋伸入位置、标志挤压 2）钢套筒材料不符要求
7	压痕明显不均	检查钢筋在套筒内伸入度是否有压空现象

◆钢筋套筒挤压连接的设备

1. 超高压液压泵站

超高压液压泵站是半挤压机、挤压机的动力源。电动机功率为 2.2kW，电压 380V，控制按钮开关电压 6V。

超高压液压泵的主要技术参数见表 3－2。

表 3－2　　　　　　　　　　超高压液压泵的主要技术参数

超高压泵额定压力/MPa	70
超高压泵额定流量/(L/min)	2.5
低压泵额定压力/MPa	6
低压泵额定流量/(L/min)	6
高压继电器调定压力/MPa	72

2. 半挤压机

半挤压机是指大批量钢筋连接时，预先将钢筋接头的套筒挤压连接到一根钢筋上，用以缩短安装钢筋的连接时间。

半挤压机额定油压为 70MPa；最大工作行程为 110mm。

3. 挤压机

挤压机主要用于连接钢筋及少量钢筋半接头的挤压连接。

挤压机额定工作油压为 70MPa；最大工作行程为 104mm。

4. 压模

压模分半挤压机压模和挤压机压模两类，各有 $\phi25 \sim \phi32$ 三种规格。压模是冷作模具钢，硬度是 HRC60～62。

5. 手拉葫芦

手拉葫芦主要用于挤压机压接钢筋施工时的升降作业。

其规格型号为 HS—I/2A 型；起重量为 0.5t；提升高度为 2.5m。

6. 画线尺

画线尺是在钢筋上画套筒握裹长度的工具。

不同规格钢筋，要用不同规格的画线尺，见表 3－3。将画线尺右端顶靠在钢筋端头放平到钢筋上，通过画线孔用毛笔或喷涂，在钢筋的表面做出油漆标记。

表 3－3　　　　　　　　　　不同直径钢筋用画线尺

钢筋规格 ϕ/mm	25	28	32
钢筋插入套筒长度 L/mm	105	110	115
画线尺内径 d/mm	D+1.5		

注：D 为钢筋外径。

7. 卡规

卡规是检查套筒紧固钢筋接头是否合格的量规，如图 3－4 所示。不同直径的钢筋，应用不同规格的卡规，详见表 3－4。

表 3－4　　　不同直径钢筋用卡规

钢筋规格 ϕ/mm	25	28	32
A/mm	39.1	43	49.2
B/mm	35	40	45

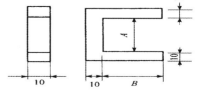

图 3－4　卡规

8. 套筒

对 HRB335、HRB400 级带肋钢筋轴向挤压接头所用的套筒材料须选用压延性好的钢材,其力学性能须符合表 3-5 的要求。通常可采用 20 热轧无缝钢管制成。

表 3-5　　　　　　　　　　　　套筒材料的力学性能

项　　目	力学性能指标	项　　目	力学性能指标
屈服强度/MPa	225~350	硬度 HRB	60~80
抗拉强度/MPa	375~500	硬度 HB	102~133
伸长率 A_5/(%)	≥20		

设计连接套筒时,套筒的承载力须符合下列要求:

$$f_{slyk}A_{sl} \geqslant 1.10 f_{yk}A_s \tag{3-1}$$

$$f_{sltk}A_{sl} \geqslant 1.10 f_{tk}A_s \tag{3-2}$$

式中　f_{slyk}——套筒屈服强度标准值;

　　　　f_{sltk}——套筒抗拉强度标准值;

　　　　f_{yk}——钢筋屈服强度标准值;

　　　　f_{tk}——钢筋抗拉强度标准值;

　　　　A_{sl}——套筒的横截面面积;

　　　　A_s——钢筋的横截面面积。

套筒的规格尺寸及公差见表 3-6。

表 3-6　　　　　　　　　　　　钢套筒规格尺寸及公差

套筒型号	钢筋公称直径/mm	套筒尺寸/mm		
		外径	内径	长度
T32	$\phi32$	$\phi55.5 +^{0.1}_{0}$	$\phi39 -^{0}_{0.1}$	$210 +^{0.3}_{0}$
T28	$\phi28$	$\phi49.1 +^{0.1}_{0}$	$\phi35 -^{0}_{0.1}$	$200 +^{0.3}_{0}$
T25	$\phi25$	$\phi45 +^{0.1}_{0}$	$\phi33 -^{0}_{0.1}$	$190 +^{0.3}_{0}$

套筒要有出厂合格证。套筒在运输及储存中,需按不同规格分别堆放整齐;不能露天堆放,防止生锈及玷污。

◆钢筋套筒挤压接头的质量检验

钢筋套筒挤压连接接头质量标准及检验方法,见表 3-7。

表 3-7　　　　　　　　　　钢筋筒挤压连接接头质量标准及检验方法

项次	项目	质　量　要　求	取　样　数　量
1	外观质量检验	1) 工程中应用带肋钢筋套筒挤压接头时,应由该技术提供单位提交有效的型式检验报告 2) 外形尺寸:挤压后套筒长度应为原套筒长度的 1.10~1.15 倍;或压痕处套筒的外径波动范围为原套筒外径的 0.8~0.90 倍;挤压接头的压痕道数应符合型式检验确定的道数 弯折处弯折角度不得大于 4°。挤压后的套筒不得有肉眼可见裂缝	同一施工条件下采用同一批材料的同等级、同型式、同规格接头,以 500 个为一个验收批;不足 500 个也作为一个验收批 每一验收批中应随机抽取 10% 的挤压接头做外观质量检验 每种规格钢筋接头力学性能试验的试件数量不应少于 3 件

项次	项目	质 量 要 求	取 样 数 量
1	外观质量检验	3）如外观质量不合格数少于抽检数的 10%，则该批挤压接头外观质量评为合格。当不合格数超过抽检数的 10% 时，应对该批挤压接头逐个进行复检，对外观不合格的挤压接头采取补救措施；不能补救的挤压接头应作标记，在外观不合格的接头中抽取 6 个试件作抗拉强度试验，若有 1 个试件的抗拉强度低于规定值，则该批外观不合格的挤压接头，应会同设计单位商定处理，并记录存档	同一施工条件下采用同一批材料的同等级、同型式、同规接头，以 500 个为一个验收批；不足 500 个也作为一个验收批 每一验收批中应随机抽取 10% 的挤压接头做外观质量检验 每种规格钢筋接头力学性能试验的试件数量不应少于 3 件
2	力学性能试验	1）钢筋连接工程开始前及施工过程中，应对每批进场钢筋和接头进行工艺检验。并应符合下列要求 ①每种规格钢筋母材进行抗拉强度试验 ②接头试件应达到表 3-8 中相应等级的强度要求。计算钢筋实际抗拉强度时，应采用钢筋的实际横截面积计算 2）对每一验收批均应按设计要求的接头性能等级，在工程中随机抽取 3 个试件做单向拉伸试验。当 3 个试件检验结果均符合表 3-8 的强度要求时，该验收批为合格 3）如有一个试件的抗拉强度不符合要求，应再取 6 个试件进行复检。复检中如仍有 1 个试件检验结果不符合要求，则该验收批单向拉伸检验为不合格	

Ⅰ级、Ⅱ级、Ⅲ级接头的变形性能应符合表 3-8 的规定。

表 3-8 接 头 的 变 形 性 能

接 头 等 级		Ⅰ级、Ⅱ级	Ⅲ级
单向拉伸	非弹性变形/mm	$u \leqslant 0.10(d \leqslant 32)$ $u \leqslant 0.15(d > 32)$	$u \leqslant 0.10(d \leqslant 32)$ $u \leqslant 0.15(d > 32)$
	总伸长率（%）	$A_{sgt} \geqslant 4.0$	$A_{sgt} \geqslant 2.0$
高应力反复拉压	残余变形/mm	$u_{20} \leqslant 0.3$	$u_{20} \leqslant 0.3$
大变形反复拉压	残余变形/mm	$u_4 \leqslant 0.3$ $u_8 \leqslant 0.6$	$u_4 \leqslant 0.6$

注 u——接头的非弹性变形；
u_{20}——接头经高应力反复拉压 20 次后的残余变形；
u_4——接头经大变形反复拉力 4 次后的残余变形；
u_8——接头经大变形反复拉力 8 次后的残余变形；
A_{sgt}——接头时间总伸长率。

【实例】

【例 3-1】 某中心建筑面积为 28 万平方米，该工程仅基础底板厚为 1.4m，面积为 30000m²，混凝土浇筑量为 5 万多立方米，φ32 钢筋配筋量计划要用 15000t，工期要求紧。在采用钢筋挤压连接技术后，在施工人员为经过培训后的普通工人，现场施工作业面狭小等条件下，在 2 个多月的时间内，连接 φ32 钢筋接头近 20 万个，如期完成了底板施工。在施工中实现了间距 110mm，上下多排近 300m 长的 φ32 水平钢筋的通长连接，其中大量接头为两端已浇筑分块混凝土，中部要后续铺排钢筋，并于端部连接成整长一根的密集接头。采用 JM-YJH32-4 型设备实现预制连接单班 120 个头/台，施工现场连接单班 80 个头/台。由于根据钢筋挤压连接工艺要求和技术特点组织施工和加工钢筋，对连接接头位置不受限制，无需特意错开钢筋接头位置而对钢筋特别预先进行精确定尺。并采用长钢筋，大大节省了钢筋准备时间和钢筋，提高了施工速度，节约了大量材料。钢筋实际用量 14000t，仅此一项就比常规方法节约钢筋 1000 吨左右。

【例 3 - 2】 某车站建筑面积为 30 多万平方米，由地铁车站和主站房两部分组成。其中地铁站房为目前北京最大的综合地铁车站，最下层为地铁站台，中间为地下商业街，上部为车站通道，地上为火车站站台。整个建筑结构复杂，工期要求紧，技术要求高，钢筋密度大，主筋如采用传统焊接方法，需连接 20 多万个接头，最粗钢筋直径为 $\phi 36$，焊接难度非常高。而且施工现场电力紧张满足不了焊接用电需求。由于工地现场条件限制，几乎全部钢筋连接作业均需在现场完成。在施工中由于采用挤压连接工艺减少接头 6 万多个，节约了大量的钢材、人力和电能，提高了施工速度，同时还确保了结构工程质量，提前了工期，节约了大量资金。

【例 3 - 3】 在大量兴建的水利工程如大坝、渡槽、拦海闸墩、码头、港口、船闸和船坞等工程中大量采用钢筋挤压连接技术。钢筋笼挤压对接的施工工艺示意图，如图 3 - 5 所示。

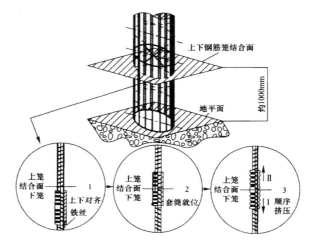

图 3 - 5　钢筋笼挤压对接的施工工艺示意图

如：经过三峡水电站、小浪底水利工程中的导流洞工程和青海拉西瓦水利工程导流洞等大型工程中大量采用钢筋挤压连接技术，取得了使用方便、灵活、简单，节省工期，提高效益等效果。

又如：目前亚洲最大的铁矿石中转基地工程——宝钢马迹山港口工程位于浙江嵊泗列岛西南，风大、浪急、水深、气温高，腐蚀条件苛刻，因而在码头工程中采用 22～32mm 环氧树脂涂层钢筋，涂层钢筋的连接是工程的关键之一，为避免损伤涂层，工程全部采用挤压连接涂层钢筋，效果非常好。挤压连接给进一步推广涂层钢筋的应用提供了基础技术保证。

3.2　钢筋锥螺纹套筒连接

常遇问题
1. 请简单阐述钢筋锥螺纹套筒连接的特点。
2. 钢筋锥螺纹套筒接头应该如何进行质量检验？

【连接方法】

◆钢筋锥螺纹套筒的基本原理

钢筋锥螺纹接头是利用锥螺纹能承受拉、压两种作用力及自锁性、密封性好的原理，将钢筋的连接端加工成锥螺纹，按规定的力矩值把钢筋连接成一体的接头。GK 型等强钢筋锥螺纹接头的基本思路是：在钢筋端头切削锥螺纹之前，先对钢筋端头沿径向通过压模施加很大的压力，使其塑性变形，形成以圆锥桩体，之后，再按普通锥螺纹钢筋接头的工艺路线，在预压过的钢筋端头上车削锥形螺纹，再用带内锥螺纹的钢套筒用力矩扳子进行拧紧连接。在钢筋端头塑性变形过程中，根据冷作硬化的原理，变形后的钢筋端头材料强度比钢筋母材提高 10%～20%，从而使在其上车削出的锥螺纹强度也相应提高，弥补了由于车削螺纹使钢筋母材截面尺寸减小而造成的接头承载能力下降的缺陷，从而大大提高了锥螺纹接头的强度，使之不小于相应钢筋母材的强度。由于强化长度可调，因而可有效避免螺纹接头根部弱化现象。不用依赖钢筋超强，就可达到行业标准中最高级Ⅰ级接头对强度的要求。

◆钢筋锥螺纹套筒的特点

钢筋锥螺纹接头是一种能承受拉、压两种作用力的机械接头，具有工艺简单、可以预加工、连接速度快、同心度好，不受钢筋含碳量和有无花纹限制，无明火作业，不污染环境，可全天候施工，接头质量安全可靠、施工方便、节约钢材和能源等优点。GK 型等强钢筋锥螺纹钢筋接头的基本出发点是在不改变主要工艺，不增加很多成本的前提下，使锥螺纹钢筋接头做到与钢筋母材等强，即做到钢筋锥螺纹接头部位的强度不小于该钢筋母材的实测极限强度。钢筋端头预压过程中，除了增加了端头局部强度，而且还直接压出光圆的锥面，大大方便了后续钢筋锥螺纹丝头的车削加工，降低了刀具和设备消耗，同时也提高了锥螺纹加工的精度。对于钢筋下料时端头常有的弯曲、马蹄形以及钢筋几何尺寸偏差造成的椭圆截面和错位截面等现象，都可以通过预压来矫形，使之形成规整的圆锥柱体，确保了加工出来的锥螺纹丝头无偏扣、缺牙、断扣等现象，从另一方面保证了锥螺纹钢筋接头的质量。

锥螺纹接头还拥有的其他连接方式不可替代的下列优势：

1) 自锁性。拧紧力矩产生的螺纹推力与锥面产生的抗力平衡，不会因震动消失，形成稳定的摩擦自锁。

2) 密封性。上述两力使牙面充分贴合，密闭了锥套内部缝隙。

3) 自韧扣。不需人工韧扣，可自行韧扣。特别对于大直径钢筋的小螺距螺纹，韧扣易完成，不易乱扣。

4) 精度高。切削螺纹，能达到较高精度等级。

5) 拧紧圈数少。

6) 通过拧紧力矩产生的螺纹推力与锥面产生的抗力平衡，使牙面充分贴合，消除残余变形，不用依赖钢筋对顶，就可满足行业标准中最高级Ⅰ级接头对残余变形的要求。

◆钢筋锥螺纹套筒的适用范围

钢筋锥螺纹套筒连接能在施工现场连接 HRB335、HRB400 级直径为 $\phi16$～$\phi40$mm 的同径或异径的竖向、水平或任何倾角钢筋，不受钢筋有无花纹及含碳量的限制。适用于按一、二级抗震等级设防的一般工业与民用房屋及构筑物的现浇混凝土结构的梁、柱、板、墙、基础的连接施工。所连钢筋直径之差不宜超过 8mm。

◆钢筋锥螺纹套筒的工艺

1. 锥形螺纹连接套连接钢筋施工工艺

钢筋预加工在钢筋加工棚中进行，其施工程序是：除锈、调直→端头切平（与钢筋轴线垂直）→下料→磨光毛刺、缝边→将钢筋端头送入套丝机卡盘开口内→车出锥形丝头→测量和检验丝头质量→合格的按规定力矩值拧上锥螺纹连接套，在两端分别拧上塑料保护盖和帽→编号、成捆分类、堆放备用。

2. 施工现场钢筋安装连接程序

钢筋就位→回收待连接钢筋上的密封盖和保护帽→用手拧上钢筋，使首尾对接拧入连接套→按锥螺纹连接的力矩值扭紧钢筋接头，直到力矩扳手发出响声为止→用油漆在接好的钢筋上做标记→质检人员按规定力矩值检查钢筋连接质量，力矩扳手发出响声为合格接头→做钢筋接头的抽检记录。

3. 常用接头连接方法

常用接头连接方法有三种：

1）同径或异径普通接头。分别用力矩扳手将下钢筋与连接套、连接套与上钢筋拧到规定的力矩。

2）单向可调接头。分别用力矩扳手将下钢筋与连接套、可调连接器与上钢筋拧到规定的力矩值，再把锁母与连接套拧紧。

3）双向可调接头。分别用力矩扳手将下钢筋与可调连接器、可调连接器与上钢筋拧到规定的力矩值，且保持可调连接器的外露螺纹数相等，然后分别夹住上、下可调连接器，把连接套拧紧。

4. 连接钢筋的要求

1）连接钢筋时，应对正轴线将钢筋拧入连接套，然后用力矩扳手拧紧。接头拧紧值可按表 3-9 规定的力矩值采用，不得超拧，拧紧后的接头应做上标记。

表 3-9　　　　　　　　　　　　　　钢筋接头拧紧力矩值

钢筋直径/mm	16	18	20	22	25～28	32	36～40
拧紧力矩/(N·m)	118	145	177	216	275	314	343

2）钢筋接头位置应互相错开，其错开间距不得少于 $35d$，且不大于 $500mm$，接头端部距钢筋弯起点不应小于 $10d$。

3）接头应避免设在结构拉应力最大的截面上和有抗震设防要求的框架梁端与柱端的箍筋加密区。在结构件受拉区段同一截面上的钢筋接头不得超过钢筋总数的 50%。

4）在同一构件的跨间或层高范围内的同一根钢筋上，不得超过两个以上接头。

5）钢筋连接应做到表面顺直、端面平整，其截面与钢筋轴线垂直，不得歪斜、滑丝。

◆钢筋锥螺纹套筒的设备

1. 机械设备

钢筋锥螺纹套筒连接用的机械设备包括 SZ-50A 型锥螺纹套丝机、GZL-40 型锥螺纹自动套丝机、XZL-40 型钢筋套丝机等。

（1）SZ－50A 型锥螺纹套丝机

1）准备工作。

①应检查电动机转动方向是否正确。

②应检查套丝机安装是否平稳，钢筋二平面是否在套丝机虎钳中心高度。

③应检查套丝机的定位套、靠模斜尺加工钢筋规格是否匹配。

④应检查套丝机各传动部件动作是否正常。

⑤应检查冷却润滑液流量是否充分。

2）钢筋套丝。

①应检查钢筋端头下料平面是否垂直于钢筋轴线。

②应先将钢筋穿过定位套和虎钳，使钢筋端头平面与切削头端盖外平面对齐，再使虎钳在其水平槽部位夹住钢筋的两条纵肋。

③按下水泵启动按钮，使冷却润滑液通畅排出。

④扳动靠模座移动手柄，并扳下切削定位手柄进行定位。

⑤扳动套丝进给手柄，平稳进刀套丝。若梳刀切削钢筋时，应匀速进刀。在延伸体靠近虎钳口时，应先往后扳动靠模座移动手柄，使梳刀张开，再往后扳动套丝进给手柄退刀。

⑥如要进行第二、三次套丝时，仍应按第一次操作顺序及方法加工钢筋。但进刀时须均匀用力，若梳刀与钢筋咬合削时，可以不用力套丝。

⑦等钢筋丝头加工完后，按电动机停止按钮停机后，再按水泵关闭按钮，然后松开虎钳手柄，将钢筋抽出。

3）检查钢筋套丝质量。

①应用牙形规检查钢筋丝头牙形是否与牙形规吻合，吻合即为合格。

②再用卡规或环规检查钢筋丝头小端直径是否在允许的误差范围内，若在允许范围内时即为合格。

若有一项不合格，就须切去一小部分丝头重新套丝。丝头合格后，再将一头钢筋拧上保护帽，另一头按规定的力矩，用力矩扳手拧上连接套。

4）梳刀更换方法。

①先卸下切削头端盖螺钉及端盖。

②取下四块梳刀座并拆卸螺钉，取下梳刀。

③将与梳刀座号相同的新梳刀装到梳刀座上，用螺钉拧紧，不许松动或错号。

④装好切削头的端盖，用螺钉拧紧即可。

5）维护保养。

①钢筋套丝时，要装好相应规格的定位套，以保证套丝质量，以防过早损坏梳刀。

②禁止撞击机床导轴以及机器配合面。

③应保持梳刀座、靠模座、导轴干净。

④确保滚轮轴不松动，滚轮转动自如。

⑤钢筋套丝时，靠模规格须符合钢筋规格要求。

⑥减速器第一次加油运转两周后须更换新油，并将内部油污冲净，再加入极压齿轮油。环境温度≤5℃时应用 40 号，常温时应用 70 号，以后每 3～6 个月更换一次。

⑦应每周清洗水箱一次，每月更换一次冷却液，以免污物堵塞管路。冷却润滑液可按：皂

化液：水＝1∶10 的比例加入水箱，液面高度为水箱高 2/3 处。若气温≤－4℃时，须按规定加入防冻液。

⑧套丝机长期停用时，须将其彻底擦干净，配合表面涂以黄油保存。

6）安全规定。

①操作工人一定要经专门培训，考核合格后持上岗证作业。

②机器电路出问题时，必须先切断电源，然后请厂家检修。

③不能在套丝机运转时装卡钢筋。

④套丝完成时必须倒净铁屑箱里的铁屑，且切断电源。

7）常见故障排除方法。

①延伸体转向不对。

解决方法：三相电动机接线错了，调换两根火线重接。

②套出的钢筋丝头不正，一边牙多，另一边牙少。

解决方法：钢筋若不直，须将钢筋调直后再加工。否则就是虎钳与套丝机切削头不同心，须调整虎钳使其与套丝机切削头同心。

③套丝机加工的锥螺纹丝头均不合格。

解决办法：

a. 梳刀须更换新的。

b. 梳刀安装顺序错了，须重新安装梳刀。

④梳刀张不开。

解决办法：

a. 梳刀座卡入铁屑，须取下梳刀座，清除铁屑，擦净后涂上机油，再重新安装好。

b. 梳刀被切削头端盖压住，须保持切削头端盖与梳刀座的 0.5mm 间隙。

c. 靠模导轴松动或弯曲或滚轮不转，要拧紧导轴螺母，或更换导轴，或更换新滚轮。

d. 压簧失效，须更换新弹簧。

⑤启动水泵后仍无冷却润滑液流出或流量小。

解决办法：

a. 水泵密封失效，须更换水泵密封圈。

b. 水泵坏了，须更换水泵。

c. 延伸体排出孔堵了，须排出堵塞物。

d. 水箱冷却液少了，须增补冷却润滑液。

（2）GZL－40 型锥螺纹自动套丝机

GZL－40 型锥螺纹自动套丝机是钢筋锥螺纹加工设备的一种，主要用于加工建筑钢筋锥螺纹接头。GZL－40 型锥螺纹自动套丝机的特点是设计合理、结构紧凑、使用方便、效率高等。该机采用了铸造机身，提高了施工现场的工作稳定性，滑道实现了机床化设计，保证了运动精度，刀具径向布置，提高了刀具的使用寿命，可加工 $\phi16\sim\phi40$mm 的冷轧或热轧钢筋的锥螺纹。该机加工直螺纹可一次成型，而且螺纹精度以及表面粗糙度等级高。使用该机时，当钢筋锥螺纹加工完成后，刀具可自动退出切削，回车到位，再次加工开始前，刀具具有自动复位功能。该机底部装有滚轮，适合于建筑工地使用。一次加工成型的钢筋锥螺纹接头，适合于各种建筑工程及各类建筑物的现浇钢筋混凝土结构中的钢筋连接施工。

（3）XZL - 40 型钢筋套丝机（图 3 - 6）

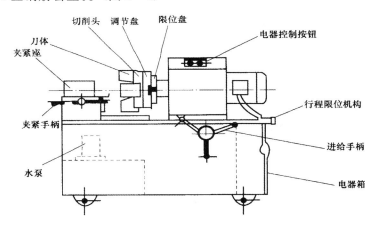

图 3 - 6　XZL - 40 型钢筋套丝机构造简图

1）准备工作。

①新套丝机应清洗各部油封，检查各连接体是否松动，水盘、接铁屑盘安放是否稳妥。

②将套丝机安放平稳，使钢筋托架上平面与套丝机夹钳体中心在同一标高。

③新套丝机应向减速器通气帽里加极压齿轮油。

④加配好的切削液或防锈液到水盘上并到水箱的规定标高。

2）调试套丝机。

①接通电源后，启动冷却水泵，再检查冷却皂化液流量。

②启动主电动机，检查切削头旋转方向是否正确。

③将进给手柄顺时针扳至极限位置。

④松开限位盘上的三个锁紧螺钉，用钩扳手扳住调节盘或限位盘的缺口，按所加上钢筋直径，调整好刻度盘上的刻度，然后将限位盘上的三个螺钉锁紧。调整时，要防止调节盘上的限位槽及限位盘上的转块脱离。

⑤调节套丝行程。

3）钢筋套丝。

①检查钢筋下料平面是否垂直于钢筋轴线。

②先将钢筋纵肋放入虎钳钳口的水平槽内，并使钢筋前端与梳刀端面对齐，再夹紧钢筋。

③启动水泵和主电动机。

④逆时针扳动进给手柄进行切削加工。

⑤若钢筋切削加工完退刀时，须立即扳回进给手柄到起始位置并停机。

⑥松开虎钳，取出钢筋，用牙形规和卡规或环规检查钢筋锥螺纹丝头加工质量。

4）梳刀更换方法。

①顺时针扳动四爪卡盘分别将梳刀座取下。

②松开梳刀座上的螺钉，分别将旧梳刀取下。

③分别将新梳刀装卡到相同序号的梳刀座上，用螺钉拧紧。

④逆时针旋转四爪卡盘，依次将梳刀座安装到切削头上即可。

5）维护与保养。

①禁止无冷却润滑液加工钢筋。

②冷却润滑液应每半个月更换一次。

③每班向各滑动部位要加两次机油。

④应每三个月更换一次减速器油，牌号是 70 号工业极压齿轮油。

2. 其他工具

（1）力矩扳手

力矩扳手是钢筋锥螺纹接头连接施工中的必备工具。力矩扳手可根据所连钢筋直径的大小预先设定力矩值。若力矩扳手的拧紧力达到设定的力矩值时，即可发出"咔嗒"声响。示值误差较小，重复精度较高，使用方便，标定、维修简单，可适合于 $\phi16 \sim \phi40$mm 范围内九种规格钢筋的连接施工。

1）力矩扳手技术性能，见表 3-10。

表 3-10　　　　　　　　　　力 矩 扳 手 技 术 性 能

型号	钢筋直径/mm	额定力矩/(N·m)	外形尺寸（长）/mm	重量/kg
HL-01 SF-2	$\phi16$	118	770	3.5
	$\phi18$	145		
	$\phi20$	177		
	$\phi22$	216		
	$\phi25$	275		
	$\phi28$	275		
	$\phi32$	314		
	$\phi36$	343		
	$\phi40$	343		

2）力矩扳手检定标准请遵循《扭矩扳手检定规程》（JJG 707—2014）的相关规定。

3）力矩扳手须由具有生产计量器具许可证的单位加工制造；工程用的力矩扳手要有检定证书；力矩扳手的检定周期一般不超过一年。首次检验或经调整后鉴定合格的给 6 个月检定周期。

4）力矩扳手构造如图 3-7 所示。

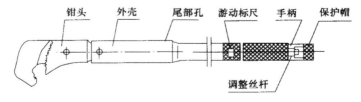

图 3-7　力矩扳手

5）力矩扳手使用方法。新力矩扳手的游动标尺通常设定在最低位置。使用时，须根据所连钢筋直径，调整扳手旋转调整丝杆，将游动标尺上的钢筋直径刻度值对正手柄外壳上的刻线，再将钳头垂直咬住所连钢筋，用手握住力矩扳手手柄，顺时针均匀地加力。若力矩扳手发出

"咔嗒"声响时，即钢筋连接达到规定的力矩值，要停止加力，否则会损坏力矩扳手。力矩扳手反时针旋转时只起到棘轮作用，且根本就施加不上力。力矩扳手无声音信号发出时，须停止使用，进行修理；修理后的力矩扳手应进行标定才可使用。

6）力矩扳手的检修和检定。若力矩扳手无"咔嗒"声响发出时，说明力矩扳手里边的滑块被卡住，须送到力矩扳手的销售部门进行检修，并用扭矩仪检定。

7）力矩扳手使用时的注意事项。

①避免水、泥、沙子等进入手柄内。

②力矩扳手须端平，钳头须垂直钢筋均匀加力，不能过猛。

③力矩扳手发出"咔嗒"响声时就不能继续加力，防止过载弄弯扳手。

④不许用力矩扳手当锤子、撬棍使用，以免弄坏力矩扳手。

⑤长期不使用力矩扳手时，须将力矩扳手游动标尺刻度值调到零位，以防手柄里的压簧长期受压，影响力矩扳手精度。

（2）量规

检查钢筋锥螺纹丝头质量的量规包括牙形规、卡规或环规。检查锥螺纹牙形质量用牙形规。牙形规与钢筋锥螺纹牙形吻合的即为合格牙形，若有间隙说明牙瘦或断牙、乱牙，即为不合格牙形；检查锥螺纹小端直径大小用的量规是卡规或环规。若钢筋锥螺纹小端直径在卡规或环规的允差范围时，即为合格丝头，否则为不合格丝头。

牙形规、卡规或环规要由钢筋连接技术用工具提供单位成套提供。

（3）保护帽

保护帽通常是耐冲击的塑料制品，是用于保护钢筋锥螺纹丝头的，有 $\phi16$、$\phi18$、$\phi20$、$\phi22$、$\phi25$、$\phi28$、$\phi32$、$\phi36$、$\phi40$ 九种规格。

（4）连接套

连接套是连接钢筋的重要部件，它可以连接 $\phi16\sim\phi40mm$ 同径或异径钢筋。连接套应用 45 优质碳素结构钢或经试验确认符合要求的钢材制作。连接套的受拉承载力不能小于被连接钢筋的受拉承载力标准值的 1.10 倍。

连接套的锥度、螺距和牙形角平分线垂直方向，一定要与钢筋锥螺纹丝头的技术参数相同。在加工时，只有达到良好的精度才可确保连接套与钢筋丝头的连接质量。

（5）可调接头

单向可调接头主要用在钢筋弯钩有定位要求处，例如柱顶钢筋、梁端弯筋；双向可调接头主要用在钢筋为弧形或圆形的连接，也可以用于柱顶钢筋、梁端钢筋或桩钢筋骨架的连接。

单、双向可调接头的构造特点是：与钢筋连接部分为锥螺纹连接，其余部分为直螺纹连接。单向可调直螺纹是右旋；双向可调直螺纹是左、右旋。

（6）可调连接器

当采用可调接头时，必须采用可调连接器。可调连接器是钢筋锥螺纹可调接头的重要部件之一。可调连接器应选用 45 优质碳素结构钢或经试验确认符合要求的钢材制作。

可调连接器的构造如图 3-8 和图 3-9 所示。

◆钢筋锥螺纹接头的质量检验

钢筋锥螺纹接头的现场检验按验收批进行。同一施工条件下的同一批材料的同等级、同规格接头，以 500 个为一个验收批进行检验与验收，不足 500 个也作为一个验收批，见表 3-11。

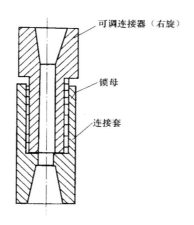
图 3-8 单向可调连接器

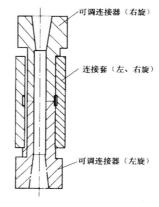
图 3-9 双向可调连接器

表 3-11   钢筋锥螺纹接头质量标准及检验方法

项次	项目	质量要求及检验	取 样 数 量
1	外观检验	1）工程中应用钢筋锥螺纹接头时，该技术提供单位应提供有效的型式检验报告 2）连接钢筋时，应检查连接套出厂合格证、钢筋锥螺纹加工检验记录 3）钢筋与连接套的规格一致，接头螺纹无完整螺纹外露	随机抽取同规格接头数的10%进行外观检查
2	力学性能检验	钢筋连接工程开始前及施工过程中，应对每批进场钢筋和接头进行工艺检验。并应符合下列要求： 1）每种规格钢筋母材进行抗拉强度试验 2）接头试件应达到表 3-12 中相应等级的强度要求。计算钢筋实际抗拉强度时，应采用钢筋的实际横截面积计算	每种规格钢筋接头的试件数量不应少于 3 根
		对接头的每一验收批，按设计要求的接头性能等级进行检验与评定，并填写接头拉伸试验报告	在工程结构中随机截取 3 个试件做单向拉伸试验
		用质检的力矩扳手，按表 3-9 规定的接头拧紧值抽检接头的连接质量。抽检的接头应全部合格，如有一个接头不合格，则该验收批接头应逐个检查；对查出的不合格接头进行补强，并填写接头质量检查记录	抽检数量：梁、柱构件按接头数的 15%，且每个构件的接头抽检数不得少于一个接头；基础、墙、板构件按各自接头数，每 100 个接头作为一个验收批，不足 100 个也作为一个验收批，每批抽检 3 个接头

Ⅰ级、Ⅱ级、Ⅲ级接头的抗拉强度应符合表 3-12 的规定。

表 3-12   接 头 的 抗 拉 强 度

接 头 等 级	Ⅰ 级	Ⅱ 级	Ⅲ 级
抗拉强度	$f_{mst}^0 \geqslant f_{st}^0$ 或 $\geqslant 1.10 f_{uk}$	$f_{mst}^0 \geqslant 1.10 f_{uk}$	$f_{mst}^0 \geqslant 1.35 f_{yk}$

注 f_{mst}^0——接头试件实际抗拉强度；

$\quad f_{st}^0$——接头试件中钢筋抗拉强度测值；

$\quad f_{uk}$——钢筋抗拉强度标准值；

$\quad f_{yk}$——钢筋屈服强度标准值。

【实例】

【例 3－4】　钢筋锥螺纹接头、GK 钢筋锥螺纹接头连接施工新技术，在 1990～2013 年先后在北京、上海、苏州、杭州、无锡、广东、深圳、武汉、长春、大连、郑州、沈阳、青岛、济南、太原、昆明、厦门、天津、北海等城市广泛应用，建筑面积达 1650 万平方米，接头数量达 1600 多万个。结构种类有大型公共建筑、超高层建筑、电视塔、电站烟囱、体育场、地铁车站、配电站等工程的基础底板、梁、柱、板墙的水平钢筋、竖向钢筋，斜向钢筋的 $\phi16～\phi40$ 同径、异径的 HRB336、HRB400、HRB500 级钢筋的连接施工。

【例 3－5】　某精品大厦购物中心工程，占地面积为 10000m²，建筑面积为 120377m²，地下 3 层，地上 22 层，为现浇钢筋混凝土框架剪力墙结构，按地震设防烈度 8 度设计，结构抗震等级：剪力墙是一级，框架是二级。该工程地下部分钢筋用量很大，地梁钢筋较密，钢筋截面变化多；地上部分工作面积大，防火要求高，工期要求紧，为此采用钢筋锥螺纹接头连接成套技术。在基础底板施工中，使用了 $\phi20～\phi28$ 钢筋接头 74337 个；地上部分使用 $\phi20～\phi32$ 钢筋接头 77005 个，合格率为 100%，缩短工期 100d，地上标准层部分达到每 4d 完成一层的高速度，取得良好了的技术经济效益和社会效益。

【例 3－6】　某社科院工程，占地面积为 0.5 万平方米，建筑面积为 60399m²，地下 3 层，地上 22 层，为现浇钢筋混凝土框架剪力墙结构，按地震设防烈度 8 度设计，结构抗震等级：剪力墙为一级，框架为二级。该工程地下部分钢筋用量很大，地梁钢筋较密，钢筋截面变化多；地上部分工作面积大，防火要求高，工期要求紧，为此采用 GK 型等强钢筋锥螺纹接头连接成套技术。在基础底板施工中，使用了 $\phi20～\phi28$mm 钢筋接头 20000 个；地上部分使用 $\phi20～\phi32$mm 钢筋接头 30000 个，合格率为 100%，接头拉伸试验全部断于母材，完全达到 I 级接头标准。取得良好的技术经济效益和和社会效益。

3.3　钢筋镦粗直螺纹连接

> **常遇问题**
> 1. 不同的场合应该怎样选择钢筋镦粗直螺纹接头？
> 2. 钢筋镦粗直螺纹接头应该如何进行质量检验？
> 3. 请举例说明钢筋镦粗直螺纹的设备都有哪些。

【连接方法】

◆**钢筋镦粗直螺纹的基本原理**

钢筋镦粗直螺纹连接分钢筋冷镦粗直螺纹连接和钢筋热镦粗直螺纹连接两种。

1) 钢筋冷镦粗直螺纹连接的基本原理是：通过钢筋冷镦粗机把钢筋的端头部位进行镦粗，钢筋端头在镦粗力的作用下产生塑性变形，内部金属晶格变形错位使金属强度提高而强化（即金属冷作硬化），再在钢筋镦粗后将钢筋大量的热轧产生的缺陷（如钢筋基圆呈椭圆、基圆上下错位、纵肋过高、截面的负公差等）膨胀到镦粗外表或在镦粗模中挤压变形，加工直螺纹时将上述缺陷切削掉，把两根钢筋分别拧入带有相应内螺纹的连接套筒，两根钢筋在套筒中部相互顶紧，即完成了钢筋冷镦粗直螺纹接头的连接。由于丝头螺纹加工造成的损失全部被钢筋变形的冷作硬化所补足，所以接头钢筋连接部位的强度大于钢筋母材实际强度，接头与钢筋母材达到等强。

2）钢筋热镦粗直螺纹连接的基本原理是：通过钢筋热镦粗机把钢筋的端头部位加热并进行镦粗，由于热镦粗时镦粗部分不产生内应力或脆断等缺陷，因此可以将钢筋镦得更粗，由于丝头螺纹的直径比钢筋粗得多，所以接头钢筋连接部位的强度大于钢筋母材实际强度，接头与钢筋母材达到等强。

◆钢筋镦粗直螺纹的特点

1）接头与钢筋等强，性能达到现行行业标准《钢筋机械连接技术规程》（JGJ 107—2010）中最高等级（Ⅰ级）的要求。

2）施工速度快、检验方便，质量可靠、无工程质量隐患。

3）连接时不需要电力或其他能源设备，操作不受气候环境影响，在风、雪、雨、水下及可燃性气体环境中均可作业。

4）现场操作简便，非技术工人经过简单培训即可上岗操作。钢筋镦粗和螺纹加工设备的操作都很简单、方便，一般经短时间培训，工人即可掌握并制作出合格的接头。

5）钢筋丝头螺纹加工在现场或预制工厂都可以进行，并且对现场无任何污染。

6）对钢筋要求较低，焊接性能不好、外形偏差大的钢筋（如：钢筋基圆呈椭圆、基圆上下错位、纵肋过高、截面的负公差等）都可以加工出满足Ⅰ级性能要求的接头，接头质量十分稳定。

7）套筒尺寸小、节约钢材、成本低。

◆钢筋镦粗直螺纹的适用范围

钢筋镦粗直螺纹连接适合于符合现行国家标准《钢筋混凝土用钢 第2部分 热轧带肋钢筋》（GB 1499.2—2007/XG1—2009）中的 HRB335（Ⅱ级钢筋）和 HRB400（Ⅲ级钢筋），见表3-13。

表 3-13   接头适用钢筋强度级别

序　号	接头适用钢筋强度级别	代　号
1	HRB335	Ⅱ
2	HRB400	Ⅲ

对于其他热轧钢筋应通过工艺试验确定其工艺参数，通过接头的型式试验确定其性能级别。

◆钢筋镦粗直螺纹的工艺

1. 钢筋冷镦粗工艺

（1）镦粗工艺参数选择原则

1）镦粗头部分与后段钢筋过渡的角度（镦粗的过渡坡度）合理：其目的是为避免因截面突变影响金属流动，从而产生内部缺陷，影响连接性能，镦粗的过渡段坡度应小，这有利于减小内应力。理论上镦粗的过渡坡度越小越好，但过渡坡度越小，镦粗时钢筋夹持模外镦粗部分伸出的长度就越长，镦粗时伸出部分易失稳，致使镦粗头产生弯曲。所以，镦粗的过渡坡度过小也不现实。

2）镦粗加工变形量准确，以免镦粗量过小、直径不足而使加工出的螺纹牙形不完整，或镦粗量过大，造成钢筋端头内部金属损伤，导致产生接头脆断现象。

3）镦粗时，夹持钢筋的力量应适度，防止因夹持力过大损伤钢筋，从而影响接头以外的钢筋强度。

（2）采用 JM – LDJ40 型镦粗机镦粗参数的调整

钢筋镦粗的最粗值是由镦粗机上的镦粗模的尺寸决定的，利用调整镦粗机的行程开关及压力开关的参数来调整镦粗工艺参数，过程如下：

镦粗机装好模具后，用直角尺测量镦粗头端面至成型模端面的距离，镦粗行程初步设定调整镦粗行程开关（接近开关探头）位置，再接通总电源，启动电动机，按动手动控制按钮，使夹持缸和镦粗缸活塞上、下和前、后移动。

镦粗机执行夹持动作时，观察其夹持活塞到上限位置，并转换为镦粗缸活塞动作的瞬时，泵站压力表压力示值是否符合规定的参考值，若不符，则应调整夹持压力（压力继电器装在泵站电磁换向阀后，通过调整螺杆，顺时针转，提高压力，反之降低）。

根据不同钢筋规格，还可以通过调节夹持调整挡片（固定于镦粗机背面下连接板处），来改变下夹模退回的下限位置，用以增大或减小上、下夹模之间的距离。

镦粗、夹持活塞行程，当夹持力调定后，再按动黄色启动开关，此时镦粗机自动执行"夹持""镦粗""退回""松开"的整套动作，每个动作都由过程指示灯来指示。镦粗机在正常运行时，没有异常声音，在一切正常工作的情况下，可进行镦粗工艺试验工作。

（3）采用 JM – LDJ40 型镦粗机进行冷镦粗作业

按下自动控制"启动"钮，镦粗头及夹具最后退至初始位置停止，再将用砂轮锯切锯好的一根 80～100cm 长的钢筋从镦粗机夹持模凹中部穿过，直顶到镦粗头端面不动为止。钢筋纵肋应和水平面成 45°左右角度，钢筋应全部落在模具中心的凹槽内，按下"启动"钮，镦粗机自动完成镦粗的全过程（大约 20s）。镦粗完成后，抽出镦好的钢筋，应目测并用直尺、卡规（或游标卡尺）检查钢筋镦粗头的外观质量，检查其是否弯曲、偏心；是否呈椭圆形，表面有无裂纹，有无外径过大处，镦粗长度是否合格。镦粗头的弯曲、偏心、椭圆度以及镦粗段钢筋基圆直径及长度应满足相关要求。

若有弯曲、偏心，须检查模具、镦粗头安装情况，钢筋端头垂直度和钢筋弯曲度，若椭圆度过大，须检查钢筋自身椭圆情况及选择的夹持方向、夹持力；若有表面裂纹，须检查镦粗长度，对塑性差的钢筋须调整镦粗长度；若镦粗头外径尺寸不足或过大，须改变镦粗长度。应根据实际情况，适当地调整镦粗工艺参数，直至加工出合格的镦粗头。

在镦粗工艺参数确定后，连续镦三根钢筋接头试件的镦粗头，再检查其镦粗头，没有问题和缺陷后，再将该三根钢筋按要求加工螺纹丝头，制作一组镦粗工艺试验试件，送试验单位进行拉伸试验。拉伸结果合格，镦粗机即可正常生产。

（4）采用 GD150 型镦粗机的工艺要求

1）镦粗头不许有与钢筋轴线相垂直的表面裂纹。

2）不合格的镦粗头，应切去后重新镦粗。

3）镦粗机凹凸模架的两平面间距应相等，四角平衡度差距应在 0.5mm 之内，在四根立柱上应能平衡滑动。

4）凹模由两块合成，凸模由一个顶头和圆形模架组成。对于不同直径的钢筋应配备相应的凹模和凸模，且进行调换。

5）凹凸模配合间隙应在 0.4～0.8mm 之间。

6）凸模在凸模座上，装配应合理，接触面不许有铁屑及脏物存留，并应将盖压紧，新换凸模压制 10～15 只后，盖应再次压紧。

7）凹模在滑板上，滑动应通畅、对称、清洁，并应经常清洗，不许有硬物夹在中间。新换装凹模，在最初脱模时，应注意拉力情况，通常在松开压力时，凸模在模座内就能自动弹出，或少许受力，就能轻易拉出；若退模拉力大于 3MPa 时，应及时检查原因，绝不能强拉强退。

8）绝不能超压强工作，通常因压力过高导致凸模断裂。

（5）采用 GD150 型镦粗机进行镦粗作业

1）操作者一定要熟悉机床的性能和结构，掌握专业技术以及安全守则，严格执行操作规程，严禁超负荷作业。

2）开车前应先检查机床各紧固件是否牢靠，各运转部位以及滑动面有无障碍物，油箱油液是否充足，油质是否良好，限位装置以及安全防护装置是否完善，机壳接地是否良好。

3）各部位应保持润滑状态，如导轨、鳄板（凹模）、座板斜面等在工作中，每压满 20 件，应加油一次。

4）开始工作前，应作行程试运转 3 次（冷天操作时，先将油泵保持 3min 空运转），令其正常运转。

5）检查各按钮开关、阀门、限位装置等是否灵活可靠，液压系统压力是否正常，模架导轨在立柱上运动是否灵活，一切就绪才能开始工作。

6）钢筋端面一定要切平，被压工件中心与活塞中心对正。

7）熟悉各定位装置的调节及应用。一定要熟记各种钢筋端头镦粗的压力，压力公差不许超过规定压力的 ±1MPa，保证质量合格。

8）压长工件时，应用中心定位架撑好，以防由于工件受力变形，松压时倾倒。

9）工作中应经常检查四个立柱螺母是否紧固，若有松动应及时拧紧，不许在机床加压或卸压出现晃动的情况下进行工作。

10）油缸活塞发现抖动，或油泵发出尖叫时，一定要排出气体。

11）经常注意油箱，观察油面是否合格，禁止油溢出油箱。

12）保持液压油的油质良好，液压油温升不许超过 45℃。

13）操纵阀与安全阀失灵或安全保护装置不完善时不许进行工作。禁止他人乱调乱动调节阀以及压力表等，操作者在调整完后，一定要把锁紧螺母紧固。

14）提升油缸，压力过高时，一定要检查调整回油阀门，故障消除后才能进行工作。

15）夹持架（凹模）内，在工作中会留下钢筋铁屑，故压制 15 件为一阶段，一定要用专用工具清理。

16）镦粗好的钢筋端头，根据规格要求，操作者一定要自查，不合格的应立刻返工，不许含糊过关；返工时应切去镦粗头重新镦粗，不能将带有镦粗的钢筋进行二次镦粗。

17）停车前，模具应处于开启状态，停车程序应先卸工作油压，再停控制电源，最后切断总电源。

18）工作完毕应擦洗机床，打扫场地，保持整洁并填写好运行记录，做好交接班工作。

（6）冷镦粗头的检验

同批钢筋采用同一工艺参数。操作人员应对其生产的每个镦粗头用目测检查外观质量，10个镦粗头要检查一次镦粗直径尺寸，20个镦粗头应检查一次镦粗头长度。

每种规格、每批钢筋都应进行工艺试验。正式生产时，应使用工艺试验确定的参数和相应规格模具。即使钢筋批号未变，每次拆换、安装模具后，也要先镦一根短钢筋，检查确认其质量合格后，方可进行成批生产。

不合格的钢筋头应切去头部重新镦粗，不能对尺寸超差的钢筋头直接进行二次镦粗。

2. 钢筋热镦粗工艺

（1）钢筋热镦粗加热工艺设计

钢筋热镦粗加热工艺的设计依据是：根据现行国家标准中规定的钢筋化学成分，参照国内各个大型钢厂钢筋轧制工艺中初轧温度以及终轧温度实践经验，结合钢筋镦头的特点，制定各种级别钢筋的始镦温度及终镦温度。在生产实践中，取样进行金相检测，试验结果表明热镦后钢筋镦头部位具有与母材一致的金相组织，性能尚有所改善。热镦粗的过渡段坡度要≤1∶3。

（2）钢筋热镦粗作业要求

1）钢筋热镦机热镦粗不应露天作业。

2）钢筋端头镦粗不成形或成形质量不符合要求，应仔细检查模具、行程、加热温度以及原材料等方面的原因，在查出原因及采取有效措施后，才能继续进行镦粗作业。

3）钢筋热镦粗作业应按照作业指导书规定以及作业通知书要求选择与热镦粗有关的参数进行镦粗作业。

4）在钢筋热镦粗操作者作业时，应按镦头检验规程对镦头进行自检，不符合质量要求的镦头可加热重新镦粗。

5）钢筋热镦粗作业时，应注意个人劳动保护及安全防护。

6）作业完毕，应及时关闭设备电源，同时应将设备和工作场地清理干净，如实填写运行记录及工程量报表。

3. 钢筋镦粗直螺纹接头的分类

1）接头按使用场合分类，见表 3-14，如图 3-10 所示。

表 3-14　　　　　　　　　　　　　　　接头按使用场合分类

序号	型　式	使　用　场　合
1	标准型	正常情况下连接钢筋
2	扩口型	用于钢筋较难对中且钢筋不易转动的场合
3	异径型	用于连接不同直径的钢筋
4	正反丝头型	用于两端钢筋均不能转动而要求调节轴向长度的场合
5	加长丝头型	用于转动钢筋较困难的场合，通过转动套筒连接钢筋
6	加锁母型	钢筋完全不能转动，通过转动套筒连接钢筋，用锁母锁定套筒

2）套筒按适用的钢筋级别分类，见表 3-15。

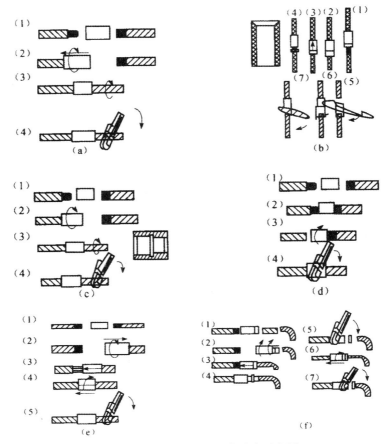

图 3-10 接头按使用场合分类示意图
(a) 标准型接头；(b) 扩口型接头；(c) 异径型接头；
(d) 正反丝头型接头；(e) 加长丝头型接头；(f) 加锁母型接头

表 3-15　　　　　　　　　　　套筒按适用的钢筋级别分类

序　号	套筒适用的钢筋级别	代　号
1	HRB335	Ⅱ
2	HRB400	Ⅲ

3）套筒按使用场合分类，见表 3-16。

表 3-16　　　　　　　　　　　套筒按使用场合分类

序号	型　式	使　用　场　合	特性代号
1	标准型	用于标准型、加长丝头型或加锁母型接头	省略
2	扩口型	用于扩口型、加长丝头型或加锁母型接头	K
3	异径型	用于异径型接头	Y
4	正反丝头型	用于正反丝头型接头	ZF

◆钢筋镦粗直螺纹的设备

1. 直螺纹镦粗、套丝设备

镦粗直螺纹使用的机具设备主要包括镦头机、套丝机和高压油泵等，其型号见表 3-17。

表 3-17　　　　　　　　　　　　　镦粗直螺纹机具设备表

镦　头　机				套　丝　机		高压油泵	
型号	LD700	LD800	LD1800	型号	TS40		
镦压力/kN	700	1000	2000	功率/kW	4.0	电动机功率/kW	3.0
行程/mm	40	50	65	转速/(r/min)	40	最高额定压力/MPa	63
适用钢筋直径/mm	16～25	16～32	28～40	适用钢筋直径/mm	16～40	流量/(L/min)	6
重量/kg	200	385	550	重量/kg	400	重量/kg	60
外形尺寸/mm	575×250×250	690×400×370	830×425×425	外形尺寸/mm	1200×1050×550	外形尺寸/mm	645×525×335

上述设备机具须配套使用。每套设备平均 40s 生产 1 个丝头，每台班可生产 400～600 个丝头。

2. 检验工具

1）环规：用以检验丝头质量。每种丝头直螺纹的检验工具分为通端螺纹环规和止端螺纹环规两种。

2）塞规：用以检验套筒质量。每种套筒直螺纹的检验工具分为通端螺纹塞规和止端螺纹塞规两种。

3）卡尺等。

3. 钢筋冷镦粗机

钢筋冷镦粗设备的结构按夹紧方式分类，一般有单油缸楔形块夹紧式结构和双油缸夹紧式结构两种形式。

（1）单油缸楔形块夹紧式镦粗机

单油缸楔形块夹紧式机构形式的优点是：夹紧机构通过力学上的斜面作用分力，在镦粗的同时即形成对钢筋的夹紧力，而不再需要另施加这一必需的夹紧力。依据夹紧力的需要而设计的楔形角度使夹持力与镦粗力呈一定放大的倍数关系，保证了能可靠地夹紧钢筋。该类设备结构简单，体积较小，造价较低；缺点是在夹紧钢筋的过程中钢筋端头的位置会随夹紧楔块的移动而移动，钢筋的外形及尺寸偏差可能会影响夹紧过程的移动量及实际镦粗变形长度的精确控制。

镦粗机是钢筋端部镦粗的关键设备。镦粗机包括油缸、机架、导柱、挂板、拉板、模框、凹模、凸模、压力表、限位装置和电器箱等部分。

以 GD150 型镦粗机为例，其适用于直径为 12～40mm 钢筋，构造简图如图 3-11 所示。

凹模由两块组成，长为 170mm，两块合成后，大头宽度约为 150mm，缝隙为 2～3mm，高度分两种：若钢筋直径是 32mm 及以下，高 75mm，若钢筋直径为 36～40mm，高 90mm。空腔、内螺纹等尺寸均随钢筋直径而改变。空腔用来使钢筋端部镦成所需要的镦粗头，内螺纹用来将钢筋紧紧咬住。

凸模，长为 79.5mm，顶头直径为 d，随钢筋直径而改变；模底直径 D 有 3 种规格：若钢筋直径是 16～22mm 时，D 为 $\phi48$；若钢筋直径是 25mm 时，D 为 $\phi52$，若钢筋直径是 28～40mm，D 为 $\phi70$。

每台镦粗机配备了多种规格的凹模和凸模，凹模和凸模都是损耗部件。

（2）双油缸夹紧式镦粗机

双油缸夹紧式机构的优点是：夹持钢筋动作和镦粗动作分别由两个独立的油缸完成，可以分别控制两油缸的动作和工作参数，如精确地控制夹紧力和镦粗长度等，因而可以针对不

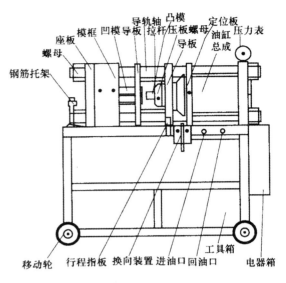

图 3-11 GD150 型镦粗机构造简图

同钢筋设计不同的镦粗工艺参数，能保证任何钢筋的镦粗质量都满足设计要求。缺点是：该机构两个大吨位油缸和安装两油缸的框架增加了设备结构和操作上的复杂性，主机外形尺寸较大。

4. 钢筋热镦粗机

因为钢筋热镦粗设备比冷镦粗设备多了一个加热系统。所以，热镦粗设备比冷镦粗设备稍庞大，通常适用于中、大型钢筋工程。钢筋热镦粗工艺中的镦粗头是在高温状态下进行热镦粗的，不需要冷镦粗设备中的高压泵站（超高压柱塞泵）以及与其配套的液压系统、高压镦粗机。热镦粗设备的液压装置压力较低，最大工作压力仅是 250kN，可以使用耐污染强、能适应建筑施工恶劣条件的齿轮油泵，具有快进快退的功能，同时，设备故障率较低，能提高工作效率。

目前常用的钢筋热镦粗设备通常由加热装置、压紧装置、挤压装置、气动装置、控制系统及机架等主要部件组成。图 3-12 所示是 HD-GRD-40 型钢筋热镦机液压系统图。

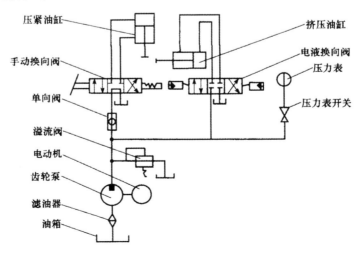

图 3-12 HD-GRD-40 型钢筋热镦机液压系统图

（1）中频加热装置

中频加热装置是利用可控硅元件将 50Hz 工频三相交流电变换成单相交流电，作为钢筋热镦粗加热的供电电源，它是一种静止变频器。

中频加热装置的主要优点是：

1）效率高达 90% 以上，且由于控制灵活，启动、停止方便，调节迅速，便于参数调整与工艺改善，容易提高效率。

2）频率可自动跟踪负载频率变化，操作更方便。

3）启动时没有电流冲击，交流电源配备简单、经济。

4）采用了微机控制电路，具有明显的优点。数字式的控制使控制更灵活、精确，并且控制电路的结构大大简化，维护、检修更加方便。

5）采用了新的启动方式，省去普通可控硅中频电源的辅助启动电路，主电路结构变得更加简单，同时提高了启动的性能，使运行、操作更加灵活、可靠。

（2）压紧装置

压紧装置主要是由压紧油缸、箱体、可动砧座、工作平台、压紧模具等组成。可动砧座与油缸、活塞杆连接，油缸活塞的往返运动是由手动换向阀控制。压紧装置作用由模具对工件（待镦粗的钢筋）形成压紧。其中手动换向阀有三个工位：前后两个位置是用来控制压紧油缸油塞的升、降，中间的位置是使液压系统卸载，即手柄处于中间位置时，工作的液压油经油泵、手动换向阀直接回到油箱。此时油泵应处于无负荷状态，可以减少电能消耗以及液压系统发热。

（3）挤压装置

挤压装置应由挤压油缸、箱体、挤压头、电气控制回路、脚踏开关、电液换向阀组成。脚踏开关、电液换向阀控制油缸活塞作往返运动，对加工件（待镦粗的钢筋端头）挤压成形。

（4）气动装置

气动装置主要由气泵、储气包、固定风嘴、可动风嘴等组成，该装置用于清除在钢筋热镦粗加工过程中吸附或遗留在模具以及工作台上的氧化铁皮，以保证安全生产。

（5）控制系统

控制系统是由配电箱、电气控制回路、液压系统与液压元件、气动系统与气动元件、冷却水回路与水压开关等组成，该系统是保证热镦粗设备正常运行的。

（6）机架

机架是由箱体、工作平台、型钢及其他部件组焊而成，箱体用以安装压紧油缸和挤压油缸，油箱焊在机架的下部，采用风冷冷却器冷却油温。

◆ **钢筋镦粗直螺纹接头的质量检验**

接头的质量检验分外观检查和性能检验。性能检验又分型式检验、工艺试验和批量抽检。

接头连接完成后，接头按验收批进行外观检查和单向拉伸强度试验。同一施工条件下采用同一批材料的同等级、同型式、同规格接头，以 500 个接头为一个验收批进行检验与验收，不足 500 个也作为一个验收批。

钢筋镦粗直螺纹接头质量检验及检验方法见表 3-18。

表 3 - 18   钢筋镦粗直螺纹接头质量标准及检验方法

项次	项　目	质量标准及检验
1	外观检查	组接好的接头，套筒每端都不得有一扣以上完整螺纹外露，加长型接头的外露螺纹数不受限制，但应另有明显标记，以检查进入套筒的丝头长度是否满足要求
2	工艺试验	1）工艺试验的每种规格钢筋接头不应少于 3 根，只对接头进行单向拉伸强度试验，3 根接头试件的抗拉强度除应满足表 3-12 的强度要求外，Ⅰ级接头尚应大于或等于 0.95 倍钢筋母材的实际抗拉强度，Ⅱ级接头尚应大于或等于 0.90 倍钢筋母材的实际抗拉强度 2）钢筋母材应从做接头试件的同一根钢筋上截取。做接头的钢筋也应在同一钢筋上截取，以免形成接头两头的钢筋性能不一致
3	接头拉伸强度试验 （抽检）	1）对接头的每一个验收批，必须在工程结构中随机截取 3 个试件做单向拉伸强度试验，并按表 3-12 中的单向拉伸强度要求确认其性能等级。当 3 个试件单向拉伸试验强度满足表 3-12 要求时，该验收批为合格 2）如有一个试件检验不合格，应再取 6 个试件进行复检。复检中若仍有 1 个试件试验结果不合格，则该验收批评为不合格 　　如出现验收批不合格情况，从经济角度考虑，施工单位应和设计单位探讨对钢筋接头进行降低使用的可能性，如确不能降级使用，应采取相应措施对接头进行补强，或全部切除重新连接 3）在现场连续检验 10 个验收批，其全部单向拉伸试件一次抽样均合格，验收批数量可扩大一倍

注　1. 工艺试验是针对钢筋连接工程开始之前和工程中进场的不同批材料（主要指钢筋）进行的接头检验，验证该批钢筋所采用的镦粗加工工艺，以及制作的接头是否满足使用要求。
　　2. 计算实际抗拉强度时，应按钢筋实际截面面积，截面积的确定可用称重法。

【实例】

【例 3 - 7】　镦粗直螺纹钢筋连接技术作为一种先进成熟的钢筋连接技术，现已在工程中得到推广应用。在××国道××公路，由××承建的第××合同段，桥梁工程就部分采用了镦粗直螺纹钢筋接头。作为全段控制性工程的××大桥，该桥桥墩为等截面 T 形实心独墩和变截面 T 形实心独墩两种形式，墩身高度为 9.6～36m。基础为承台，下设直径为 1.6m、1.3m，桩长为 23～27m 的钻孔灌注桩。由于桥墩较高，为了保证主钢筋的连接质量，其墩柱及基桩主筋 $\phi22$、$\phi25$ 的接长就采用 CABR 镦粗直螺纹钢筋接头，共 4557 套。经过按批取样试验检测，这些镦粗直螺纹钢筋接头的实际抗拉强度均在 565～615MPa，略大于钢筋母材的实际抗拉强度，为 SA 级接头，现场检验一次合格率达到 100%，较好地保证了钢筋连接质量，取得了较好的技术和经济效果。

【例 3 - 8】　某段桥涵结构物累计水下灌注桩为 116 根，考虑到施工场地和施工季节，项目部决定钢筋笼的制作安装全部采用镦粗直螺纹钢筋连接技术，并在统一场地集中预制钢筋笼，既节约钢材、经济安全，又快速方便，减少成孔与灌桩的时间差，保证了工程进度和施工质量，经公路检测中心检测，全部桩基为Ⅰ类。

【例 3 - 9】　采用镦粗直螺纹钢筋连接技术在工程中应用举例如图 3-13 所示。

（a）

（b）

（c）

图 3-13　钢筋焊接网在工程中的应用
（a）北京国际机场第三航站楼；（b）上海越江隧道；（c）辽宁长山跨海大桥

3.4　钢筋滚扎直螺纹连接

常遇问题

1. 不同的场合应该怎样选择钢筋滚扎直螺纹接头？

2. 钢筋滚扎直螺纹常见的问题都有哪些？应该如何处理？

【连接方法】

◆**钢筋滚扎直螺纹连接的基本原理**

　　钢筋滚轧直螺纹套筒连接是利用金属材料塑性变形后冷作硬化增强金属材料强度的特性，

使接头与母材等强的连接方法。

◆**钢筋滚扎直螺纹连接的特点**

1. 接头强度高（能100％断母材）、延性好

钢筋滚丝时相当于冷加工操作，综合力学性能达到并超过国家行业标准的接头标准，确保了接头强度不低于母材强度，能充分发挥钢筋母材的强度和性能。

2. 连接快速方便，适用性强

在施工现场，接头连接仅用力矩扳手即可，对超长的钢筋连接及弯曲钢筋、固定钢筋、钢筋笼等不能移动钢筋的场合只需旋转套筒就可实现连接。

3. 接头质量安全、可靠

即使螺纹松动，只要达到一定的旋合长度，就能保证接头的性能。

4. 便于检测

对于连接后的接头，只要目测钢筋上螺纹露在套筒外的情况，即可初步判断接头是否合格。

5. 节能环保

节约钢材与能源，无明火操作，不污染环境，可全天候施工。

◆**钢筋滚扎直螺纹连接的适用范围**

钢筋滚轧直螺纹连接适合于中等或较粗直径的 HRB335（Ⅱ级）、HRB400（Ⅲ级）热轧带肋钢筋及 RRB400（Ⅲ级）余热处理钢筋的连接。

◆**钢筋滚扎直螺纹连接的工艺**

1. 钢筋滚轧直螺纹连接的工艺流程

钢筋滚轧直螺纹连接的工艺流程为：钢筋原料→切头→机械加工（丝头加工）→套丝加保护套→工地连接。

1）所加工的钢筋应先调直后再下料，切口端面与钢筋轴线垂直，不能有马蹄形或挠曲。下料时，不得采用气割下料，可采用钢筋切断机或砂轮切割机。

2）丝头加工时应使用水性润滑液，不得使用油性润滑液。

3）墩身主钢筋连接接头除倒数第二节的上口制成加长丝外，其余均采用滚轧直螺纹标准型接头，其丝头有效螺纹长度应不小于1/2连接套筒长度，规定一端丝头滚轧12道丝；钢筋连接完毕后，连接套筒外应有外露有效螺纹，且连接套筒单边外一露有效螺纹不得超过 $2P$，即两口丝。

4）已加工完成并检验合格的丝头要加以保护，钢筋一端丝头戴上保护帽，另一端拧上连接套，并按规格分类，堆放整齐，待用。

5）钢筋连接时，钢筋的规格和连接套的规格一致，并确保丝头和连接套的丝扣干净、无损。

6）连接套筒外形尺寸，见表 3-19。

表 3-19　　　　　　　　　　连接套筒外形尺寸　　　　　　　　　　（单位：mm）

规格	螺距	长度	外径	螺纹小径
$f28$	3	70	$f44$	$f26.1$

2. 常见问题及处理措施

（1）钢筋连接技术的配套问题

1）连接技术的配套原则。与一般的商品不同，滚轧直螺纹钢筋连接技术是一种配套技术。它包括与相关技术配套的钢筋加工设备、连接套筒的设计、钢筋丝头螺纹参数的设计、螺纹配合参数及精度的设计、钢筋连接施工的工法设计以及相关的质量控制流程，并通过型式检验对这一配套产品进行分等定级。

由于各个生产单位的许多关键技术和工艺参数受到专利保护，因此各生产单位自行开发钢筋连接技术的相关技术参数各有不同，质量控制要求也不一样。因此，作为配套的钢筋连接技术，都应该配套使用，只有这样才能有效地保证钢筋连接的质量。

2）违反配套原则的后果。随着滚轧直螺纹钢筋连接技术的推广应用，有些施工单位在对该项技术不甚了解的情况下，盲目从某一生产单位购进钢筋加工设备，又从另一生产单位购进连接套筒，进行现场制作和连接施工。这种做法严重违反了滚轧直螺纹钢筋连接技术的配套使用原则，因此而带来的问题可能有以下几个方面。

①质量受到影响：两个生产单位的工艺参数有所不同，钢筋丝头加工与钢筋现场连接的操作规定不同，质量控制要点不同。如此不配套地施工，钢筋连接质量必将受到严重的影响。

②无法分等定级：钢筋连接接头的型式检验，是对某一配套连接技术进行参数确定和分等定级的检验。上述这种做法，用两种工艺参数制作的钢筋接头无法分等定级。

③无法分清责任：由于是不同生产单位混用的技术，一发现质量问题，责任无法分清。

因此，作为配套使用的滚轧直螺纹钢筋连接技术，应该杜绝上述做法。作为滚轧直螺纹钢筋连接技术的各生产单位，也应该拒绝这种对工程不负责任的要求。

（2）套筒无法旋到规定位置

1）现象。钢筋丝头有效螺纹尺寸检验时通规旋入规定位置，止规旋入长度大于 3P，但连接套筒无法旋入到规定的位置。这种现象一般在加长型钢筋丝头加工时出现，而且钢筋丝头螺距累计误差并不大，螺纹单一中径误差也小于 0.20mm。

2）缺陷原因。

①钢筋丝头螺纹中径直线性差。螺纹环通规和环止规与钢筋丝头螺纹旋合长度，属于中等旋合和短旋合，而加长型钢筋丝头与连接套筒的旋合属于长旋合。对于长旋合螺纹配合，在螺纹几何尺寸符合标准要求的情况下，还应考虑螺纹中径直线度的问题。

②滚丝轮结构设计不合理，修正齿过短。

③设备稳定性差，滚丝头沿着钢筋弯曲的轨迹滚轧出钢筋螺纹。

3）纠正措施。

①加长滚丝轮的修正齿，合理设计滚丝轮的结构。

②提高滚丝机的刚度，更换相关零配件。

③用牙型规检查钢筋丝头螺纹牙型，判断是否合格。

（3）套筒两端外露螺纹数量差大

1）现象。标准型钢筋连接接头连接完毕后，连接套筒两端外露的有效螺纹数量相差较大。

2）缺陷原因。

①钢筋丝头螺纹长度超差。

②钢筋连接缺少调整工序。

3）纠正措施。

①对这种钢筋接头，应保证两根钢筋丝头存连接套筒内的旋合长度相等。在保证接头力学

性能的前提下，可根据相关规定，进行让步验收。

②加强钢筋连接工人的操作培训。钢筋连接施工中，连接完毕后的外露螺纹调整，往往是人们所忽视的一个环节，应引起有关人员的重视。

（4）套筒两端无外露有效螺纹

1）现象。标准型钢筋连接接头连接完毕后，连接套筒两端均无外露有效螺纹。这种现象是钢筋丝头加工和铡筋连接中常出现的问题。前面已经介绍过，这种连接极易出现影响接头承载能力的超短旋合接头。

2）缺陷产生原因。钢筋丝头螺纹加工长度不够。

3）纠正措施。应加强钢筋丝头螺纹加工的检查，坚决杜绝超短丝头的出现。

（5）套筒与丝头旋合困难

1）现象。钢筋连接施工时，连接套筒与钢筋丝头旋合困难，此时严禁强行旋入。强行旋入所造成的螺纹勒扣，将影响接头的承载能力。

2）缺陷产生原因。

①钢筋丝头螺纹中径偏大，或连接套筒内螺纹中径偏小。

②钢筋丝头螺纹或连接套筒内螺纹有杂物，钢筋丝头有机械损伤。

3）纠正措施

①重新加工钢筋丝头，加强钢筋丝头加工的质量管理。

②钢筋连接施工前，应检查钢筋丝头是否有杂物和机械损伤。

（6）连接施工的拧紧力矩问题

《钢筋机械连接技术规程》（JGJ 107—2010）中，规定了钢筋连接施工中拧紧力矩的要求。其目的是使对顶的两根钢筋丝头，通过一定的拧紧力矩拧紧，消除螺纹配合间隙，提高钢筋连接接头的刚度。但是对于小规格的钢筋连接接头，拧紧力不宜过大，以免造成螺纹勒扣，影响连接接头的承载能力。

（7）正反丝扣型接头连接施工中的问题

1）现象。正反丝扣型钢筋连接接头在连接施工中，往往出现连接套筒拧紧后，钢筋仍能旋转的不正常现象。

2）缺陷产生原因。

①钢筋丝头螺纹长度不够，一端钢筋丝头螺纹已全部与连接套筒旋合，而另一端钢筋丝头螺纹并未全部旋合，钢筋丝头并未在连接套筒中对顶。连接套筒拧紧只是与一端钢筋丝头螺尾锁紧，而另一端钢筋丝头与连接套筒仍处于自由旋合状态，螺纹配合间隙并未消除，因此连接套筒即使拧紧，钢筋仍能旋转。

②连接初始时，旋转连接套筒两根钢筋丝头没有同步旋入，且两根钢筋旋入长度相差较大，又没有及时调整，致使钢筋丝头无法在连接套筒中对顶。

③设备稳定性差，是滚丝头沿着钢筋弯曲的轨迹滚轧出钢筋螺纹。

3）纠正措施。

①重新加长钢筋丝头，加强钢筋丝头加工的质量管理。

②建议按不同形式接头的连接方法进行施工。

（8）异径型钢筋连接施工中存在的问题

1）现象。异径型钢筋接头大规格钢筋丝头旋合长度不足，外露有效螺纹。

2）缺陷产生原因。异径型钢筋接头连接施工常出现小规格钢筋丝头旋入长度过长，使大规格钢筋丝头的旋合长度受到影响。严重时，也有可能对接头的承载能力产生一定的影响。

3）纠正措施。异径型钢筋接头连接，应先将连接套筒与大规格钢筋丝头旋合，拧紧后再与小规格钢筋丝头旋合。这样可以充分保证两种不同规格钢筋丝头，能够达到在连接套筒中规定的旋合长度，这一点也是人们在施工中容易忽视的。

◆钢筋滚扎直螺纹连接的设备

钢筋滚轧直螺纹加工机床与滚轧工艺相适应，分为直接滚轧和剥肋滚轧两种。直接滚轧和剥肋滚轧的两用机床就是在直接滚轧机床的前部增加一套剥肋装置。

现在，国内已有很多家生产滚轧直螺纹加工机床的工厂，其生产的机床结构大致相同，但型号不一，具体构造亦有差异。

◆钢筋滚扎直螺纹连接接头的质量检验

工程中应用滚轧直螺纹接头时，技术提供单位应提交有效的型式检验报告。

钢筋连接作业开始前及施工过程中，应对每批进场钢筋进行接头连接工艺检验。

此外，对钢筋滚轧直螺纹接头的质量检验还包括外观质量、拧紧力矩、单向拉伸等项目内容，见表 3-20。

表 3-20　　　　　　　　　　钢筋滚轧直螺纹接头质量标准及检验方法

项次	项目	质量要求及检查	取样数量
1	外观检查	1）接头钢筋连接完成后，标准型接头连接套筒外应有外露有效螺纹且连接套筒单边外露的有效螺纹不得超过 2P（P 为螺距）；其他连接形式应符合产品设计的要求 2）钢筋连接接头的外观质量在施工时应逐个自检，不符合要求的钢筋连接接头应及时调整或采取其他有效的连接措施 3）现场钢筋连接接头的抽检合格率不应小于 95%。当抽检合格率小于 95% 时，应另行抽取同样数量的接头重新检验。当两次检验的总合格率不小于 95% 时，该批接头仍为合格，若合格率仍小于 95%，则应对全部接头进行逐个检验，合格者方可使用	1）外观质量自检合格的钢筋连接接头，应由现场质检员随机抽样进行检验。在同一施工条件下，采用同一材料的同等级、同型式、同规格接头，以连续生产的 500 个为一个检验批进行检验和验收。不足 500 个的也按一个检验批计算 2）对每一检验批的钢筋连接接头，于正在施工的工程结构中随机抽取 15%，且不少于 75 个接头，检验其外观质量
2	工艺检验	1）接头试件的钢筋母材应进行抗拉强度试验 2）3 根接头试件的抗拉强度均不应小于该级别钢筋抗拉强度的标准值，同时尚应不小于 0.9 倍钢筋母材的实际抗拉强度	每种规格钢筋的接头试件不应少于 3 根
3	拧紧力矩	用扭力扳手按表 3-21 规定的接头拧紧力矩值抽检接头的施工质量。抽检的接头应全部合格；如有一个接头不合格，则该验收批接头逐个检查并拧紧	梁、柱构件按接头数的 15%，且每个构件的接头抽检数不得少于一个接头基础、墙、板构件 100 个接头作为一个验收批，不足 100 个也作为一个验收批，每批抽检 3 个接头
4	单向拉伸	对每一验收批，应在工程结构中随机抽取 3 个试件做单向拉伸试验。当 3 个试件单向拉伸试验结果均符合表的强度要求时，该验收批为合格。如有一个试件的抗拉强度不符合要求，则应加倍取样复验	1）滚压直螺纹接头的单向拉伸强度试验按验收批进行。同一施工条件下采用同一批材料的同等级、同型式、同规格接头，以 500 个为一个验收批进行检验 2）在现场连续检验十个验收批，其全部单向拉伸试验一次抽样合格时，验收批接头数量可扩大为 1000 个

注　滚压直螺纹接头的单向拉伸试验破坏形式有三种：钢筋母材拉断、套筒拉断、钢筋从套筒中滑脱，只要满足强度要求，任何破坏形式均可判断为合理。

表 3-21	接头安装时最小扭矩值				
钢筋直径/mm	≤16	18~20	22~25	28~32	36~40
最小扭矩/N·m	100	180	240	300	360

【实例】

【例 3-10】 罗浮高架桥梁位于泰和至井冈山高速公路连接线，大桥结构形式为 17 孔—40m 先简支后连续预应力混凝土连续 T 梁桥，全长为 688m，桥墩墩柱高度大部分超过 40m，其中最高高度达 45m。高架连接两个山头，中间为一个 V 形山谷，施工场地非常狭小，施工环境恶劣。工程动工时间为 2004 年 2 月初，但项目要求至 2004 年 8 月底全幅架通，施工时间仅 7 个月，这对于受场地及交通制约的山区桥梁的建设来说，工期要求非常高。在工程施工初期，下部高墩的浇筑成为工期的瓶颈：桥墩没完成，预制完成的梁因无法及时架设而大量侵占了制梁底座。同时受场地制约，现场无法开辟出存梁场地，制梁工作因此无法正常进行。如何有效地加快墩柱的建设，成为整个项目能否按期完成的关键。

从施工单位的投入来看，人、机、料的准备非常充足，混凝土的拌和及浇筑均不会影响工期，真正制约工期的还是钢筋的加工，特别是钢筋笼的高空连接工序。在施工中，对于低于 20m 的墩柱采用先加工好钢筋笼，后整体起吊，在空中逐节往上焊接的方法。而高于 20m 的高墩柱，在 20m 以上部分则由于安全原因，采用单根钢筋起吊，在空中逐根焊接的方法。受空间制约，虽然钢筋加工人员很多，但一般只能上 1~2 名电焊工同时作业，因此工作无法大面积展开，另外，焊接工作又经常受天气影响，无法全天候施工，因而墩柱的钢筋连接成为最慢的一道工序。每单根主筋的焊接（φ28、φ32 两种）长度达 30cm 左右，焊接时间需 20~22min，总共有 110 余根主筋，因而每节完成连接就需要 19~21h。因此可看出，高墩建设的快慢，又取决于钢筋的连接速度。为此，项目办及施工单位经现场研究认证，决定对钢筋的连接采用滚轧直螺纹技术。由于滚轧直螺纹技术操作简单易学，不受天气影响，可全天候施工，施工速度快，原来需要 20~22min 的接头，现在只需要 4~6min 就可完成，大大节省了时间。实践证明，由于滚轧直螺纹技术的使用，加快了施工速度，从而使工期得到了保证，7 月 30 日便实现了全幅架通，整个项目从桩基开挖到全桥架通实际施工时间仅用了短短 6 个月，而且节约了钢材，降低了工程施工成本。

3.5 带肋钢筋熔融金属充填接头连接

常遇问题

1. 什么是带肋钢筋熔融金属充填接头连接？在什么情况下才可以使用带肋钢筋熔融金属充填接头连接？

2. 带肋钢筋熔融金属充填接头连接的现场操作应该注意哪些问题？

【连接方法】

◆**带肋钢筋熔融金属充填接头连接的特点**

带肋钢筋熔融金属充填接头连接的特点如下：

1）在现场不需要电源，在缺电或供电紧张的地方，例如岩体护坡锚固工程等，可进行钢筋连接，并能减少现场施工干扰。

2）工效高，在水电工程中便于争取工期。

3）接头质量可靠。

4）减轻工人劳动强度。

◆带肋钢筋熔融金属充填接头连接的适用范围

适用于带肋的 HRB335、HRB400、RRB400 钢筋在水平位置、垂直位置、倾斜某一角度位置的连接。钢筋直径为 20～40mm。在装配式混凝土结构的安装中尤能发挥作用；在特殊工程中有良好应用效果。

◆带肋钢筋熔融金属充填接头连接的工艺

钢筋端面必须切平，最好采用圆片锯切割；当采用气割时，应事先将附在切口端面上的氧化皮、熔渣清除干净。

1. 套筒制作

钢套筒一般采用 45 号优质碳素结构钢或低合金结构钢制成。

设计连接套筒的横截面面积时，套筒的屈服承载力应大于或等于钢筋母材屈服承载力的 1.1 倍，套筒的抗拉承载力应大于或等于钢筋母材抗拉承载力的 1.1 倍。套筒内径与钢筋外径之间应留一定间隙，以使钢水能顺畅地注入各个角落。

设计连接套筒的长度时，应考虑充填金属抗剪承载力。充填金属抗剪承载力等于充填金属抗剪强度乘钢筋外圆面积（套筒长度乘钢筋外圆长度）。充填金属的抗剪强度可按其抗拉强度的 0.6 倍计算。钢筋母材承载力等于国家标准中规定的屈服强度或抗拉强度乘公称横截面面积。充填金属抗拉强度可按 Q215 钢材的抗拉强度 $335N/mm^2$ 计算。

设计连接套筒的内螺纹或齿状沟槽时，应考虑套筒与充填金属之间具有良好的锚固力（咬合力）。应在连接套筒接近中部的适当位置加工一小圆孔，以便钢水从此注入。

2. 热剂准备

热剂的主要成分为雾滴状或花瓣状铝粉和鱼鳞状氧化铁粉，两者比例应通过计算和试验确定。为了提高充填金属的强度，必要时，可以加入少量合金元素。热剂中两种主要成分应调合均匀。若是购入袋装热剂，使用前应抛摔几次，务必使其拌合均匀，以保证反应充分进行。

3. 坩埚准备

坩埚一般由石墨制成，也可由钢板制成，内部涂以耐火材料。耐火材料由清洁而很细的石英砂 3 份及黏土 1 份，再加 1/10 份胶质材料相均匀混合，并放水 1/12 份，使产生合宜的混合体。若是手工调合，则在未曾混合之前，砂与黏土必须是干燥的，该两种材料经混合后，才可加入胶质材料和水。其中，水分应越少越好。胶质材料常用的为水玻璃。

坩埚内壁涂毕耐火材料后，应缓缓使其干燥，直至无潮气存在；若加热干燥，其加热温度不得超过 150℃。

当工程中大量使用该种连接方法时，所有不同规格的连接套筒、热剂、坩埚、一次性衬管、支架等均可由专门工厂批量生产，包装供应，方便施工。

◆带肋钢筋熔融金属充填接头连接的现场操作

1. 固定钢筋

安装并固定钢筋，使两钢筋之间留有约 5mm 的间隙。

2. 安装连接套筒

安装连接套筒，使套筒中心在两钢筋端面之间。

3. 固定坩埚

用支架固定坩埚，放好坩埚衬管，放正封口片；安装钢水浇注槽（导流块），连接好钢水出口与连接套筒的注入孔。用耐火材料封堵所有连接处的缝隙。

4. 坩埚使用

为防止坩埚过热，一个坩埚不应重复使用 15～20min 之久。如果希望连接作业，应配备几个坩埚轮流使用。

使用前，应彻底清刷坩埚内部，但不得使用钢丝刷或金属工具。

5. 热剂放入

先将少量热剂粉末倒入坩埚，检查是否有粉末从底部漏出。然后将所有热剂徐徐地放入，不可全部倾倒，以免失去其中良好调和状况。

6. 点火燃烧

全部准备工作完成后，用点火枪或高温火柴点火，热剂开始化学反应过程。之后，迅速盖上坩埚盖。

7. 钢水注入套筒

热剂化学反应过程一般为 4～7s，稍待冶金反应平静后，高温的钢水熔化封口片，随即流入预置的连接套筒内，填满所有间隙。

8. 扭断结渣

冷却后，立即慢慢来回转动坩埚，以便扭断浇口至坩埚底间的结渣。

9. 拆卸各项装置

卸下坩埚、导流块、支承托架和钢筋固定装置，去除浇冒口，清除接头附近熔渣杂物，连接工作结束。

◆带肋钢筋熔融金属充填接头连接的质量检验

1. 检验批批量

以 500 个同牌号、同规格钢筋连接接头为一检验批。

2. 外观检查

全部接头进行外观检查；检查结果，应无钢瘤等缺陷。

3. 力学性能检验

从每一检验批中切取 3 个接头进行拉伸试验，试验结果应符合下列要求：

1）每一接头试件的抗拉强度均不得小于该牌号钢筋规定的抗拉强度（钢筋抗拉强度标准值）。

2）至少有 2 个接头试件不得使钢筋从连接套筒中拔出。

当试验结果达到上述要求，则确认该检验批接头为合格品。

4. 复验

当 3 个接头试件拉伸试验结果，有 1 个试件的抗拉强度小于钢筋规定的抗拉强度，或者有 2 个试件的钢筋从连接套筒拔出，应进行复验。

复验时，应再切取 6 个接头试件进行拉伸试验；试验结果，若仍有 1 个接头试件的抗拉强度小于钢筋规定的抗拉强度，或者有 3 个试件的钢筋从连接套筒拔出，则判定该批接头为不合格品。

5. 一次性判定不合格

在 3 个接头试件拉伸试验结果中，有 2 个试件的抗拉强度小于钢筋规定的抗拉强度，或者 3 个试件的钢筋均从连接套筒中拔出，则一次判定该批接头为不合格品。

6. 验收

每一检验批接头首先由施工单位自检，合格后，由监理（建设）单位的监理工程师（建设单位项目专业技术负责人）验收，并列表备查。

【实例】

【例 3 - 11】　在紧水滩水电站导流隧洞工程中，共完成直径为 20～36mm 的原Ⅱ级、Ⅲ级钢筋熔融金属充填接头 2162 个，质量可靠，对保证导流隧洞的提前完工起到了重要作用。水利水电建设总局在紧水滩工地召开评审会，对上述新技术做出较好评价，认为可推广应用于直径为 30～36mm 的原Ⅱ级、Ⅲ级钢筋的接头连接。随后，在紧水滩水电站混凝土大坝泄洪孔（中孔、浅孔）工程中，应用熔融金属充填接头 8 千多个，钢筋为原Ⅱ级、Ⅲ级，钢筋直径为 22～36mm。

【例 3 - 12】　厦门国际金融大厦为塔楼式建筑，高 95.75m，地上 26 层，如图 3 - 14 所示，由中建三局三公司负责施工。工程中钢筋直径多数为 32～40mm，且布置密集。钢筋连接采用了原水电部十二局施工科研所科技成果：粗直径带肋钢筋熔融金属充填接头连接技术、冷挤压机械连接技术和电弧焊一机械连接技术；在主要部位应用上述接头共 17880 个，其中大部分为熔融金属充填接头。由于采用上述新颖钢筋连接技术，施工速度快，适应性比较强，工艺较简单，接头性能可靠，取得了较好的经济效益。特别是在 1989 年 5 月，在主体工程第 25 层直斜中，钢筋直径为 32～40mm 大小头连接接头及外层十字梁钢筋施工中，就使用了上述接头 1568 个，共抽样 96 个，接头合格率 100%，为主体工程提前 60 天封顶，发挥了应有的作用。

【例 3 - 13】　龙羊峡水电站地处西北青藏高原，高寒、缺氧、气候恶劣，给钢筋焊接施工带来许多意想不到的困难。为确保工程质量和工

图 3 - 14　建设中的厦门国际金融大厦

期，承担工程建设的原水利电力部第四工程局在设计单位原水利电力部西北勘测设计院有力协助下，在龙羊峡水电工程中推广应用了带肋钢筋熔融金属充填接头连接技术，（使用前进行了高

原地区适应性试验）施工后，取得了较好的工程效益和社会效益。为此，原水利电力部第四工程局获我国水利水电科技进步奖。

3.6 钢筋套筒灌浆连接

常遇问题
1. 简单阐述钢筋套筒连接用灌浆料。
2. 钢筋套筒灌浆连接现场操作都有哪些注意事项？

【连接方法】

◆**钢筋套筒灌浆连接**

钢筋套筒灌浆连接是用高强、快硬的无收缩无机浆料填充在钢筋与灌浆套筒连接件之间，浆料凝固硬化后形成钢筋接头，连接示意图如图3-15所示。灌浆连接主要适用于预制装配式混凝土结构中的竖向构件、横向构件的钢筋连接，也可用于混凝土后浇带钢筋连接、钢筋笼整体对接及加固补强等方面，可连接直径为12～40mm热轧带肋钢筋或余热处理钢筋。

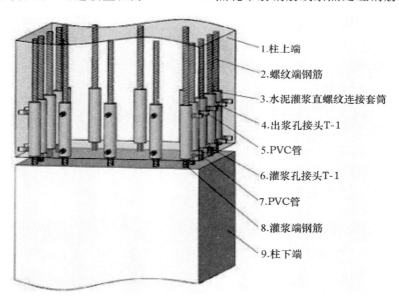

1. 柱上端
2. 螺纹端钢筋
3. 水泥灌浆直螺纹连接套筒
4. 出浆孔接头T-1
5. PVC管
6. 灌浆孔接头T-1
7. PVC管
8. 灌浆端钢筋
9. 柱下端

图3-15 套筒灌浆连接接头

钢筋套筒灌浆连接接头是预制装配式钢筋混凝土构件连接用的主要钢筋连接接头型式之一，适用于钢筋混凝土预制梁、预制柱、预制剪力墙板、预制楼板之间的钢筋连接，具有连接质量稳定可靠、抗震性能好、施工简便、安装速度快、可实现异径钢筋连接等特点。在我国和日本、美国、东南亚、中东、新西兰等国家的钢筋混凝土剪力墙结构、框架结构、框架剪力墙结构工程建设中得到了广泛的应用。

◆**钢筋连接灌浆套筒**

　　钢筋连接用灌浆套筒是指通过水泥基灌浆料的传力作用将钢筋对接连接所用的金属套筒。通常采用铸造工艺或者机械加工工艺制造。

　　1. 钢筋连接灌浆套筒

　　灌浆套筒按加工方式分为铸造灌浆套筒和机械加工灌浆套筒；按结构形式分为全灌浆套筒和半灌浆套筒；半灌浆套筒按非灌浆一端连接方式分为直接滚扎直螺纹灌浆套筒、带肋滚扎直螺纹灌浆套筒和镦粗直螺纹灌浆套筒。

　　全灌浆套筒的结构简图，如图 3-16 所示。半灌浆套筒的结构简图，如图 3-17 所示。

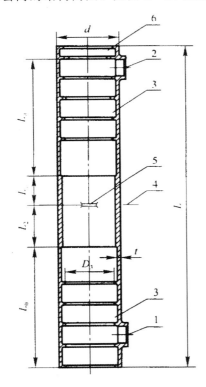
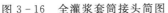
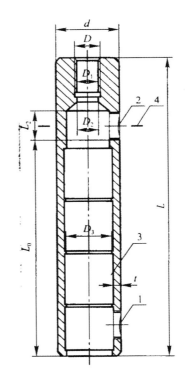

图 3-16　全灌浆套筒接头简图　　　　图 3-17　灌浆套筒结构简图

L—灌浆套筒总长；L_0—锚固长度；L_1—预制端预留钢筋安装调整长度；L_2—现场装配端预留钢筋安装调整长度；
t—灌浆套筒壁厚；d—灌浆套筒外径；D—内螺纹的公称直径；D_1—内螺纹的基本小径；D_2—半灌浆
套筒螺纹端与灌浆端连接处的通孔直径；D_3—灌浆套筒锚固段环形突起部分的内径；
1—灌浆孔；2—排浆孔；3—剪力槽；4—强度验算用截面；
5—钢筋限位挡块；6—安装密封垫的结构

　　2. 灌浆套筒结构和材料要求

　　灌浆套筒的结构形式和主要部位尺寸应符合《钢筋连接用灌浆套筒》（JG/T 398—2012）的有关规定。全灌浆套筒的中部、半灌浆套筒的排浆孔位置在计入最大负公差后的屈服承载力和抗拉承载力的设计应符合《钢筋机械连接技术规程》（JGJ 107—2010）的规定；套筒长度应根据实验确定，且灌浆连接端长度不宜小于 8 倍钢筋直径，灌浆套筒中间轴向定位点两侧应预留钢筋安装调整长度，预制端不应小于 10mm，现场装配端不应小于 20mm。剪力槽两侧凸台轴向厚度不应小于 2mm；剪力槽的数量应符合表 3-22 的规定。

机械加工灌浆套筒的壁厚不应小于 3mm，铸造灌浆套筒的壁厚不应小于 4mm。铸造灌浆套筒宜选用球墨铸铁，机械加工灌浆套筒宜选用优质碳素结构钢、低合金高强度结构钢、合金结构钢或其他经过接头型式检验确定符合要求的钢材。采用球墨铸铁制造的灌浆套筒，材料在符合《球墨铸铁件》（GB/T 1348—2009）的规定同时，其材料性能尚应符合表 3-23 的规定。

表 3-22   灌浆套筒剪力槽数量表

连接钢筋直径/mm	12~20	22~32	36~40
剪力槽数量/个	≥3	≥4	≥5

表 3-23   球墨铸铁灌浆套筒的材料性能

项 目	性能指标	项 目	性能指标
抗拉强度 R_m/MPa	≥550	球化率（%）	≥85
断后伸长率 A_5（%）	≥5	硬度/HBW	180~250

采用优质碳素结构钢、低合金高强度结构钢、合金结构钢加工的灌浆套筒，其材料的机械性能应符合《低合金高强度结构钢》（GB/T 1591—2008）、《合金结构钢》（GB/T 3077—1999）和《结构用无缝钢管》（GB/T 8162—2008）的规定，同时尚应符合表 3-24 的规定。

表 3-24   钢制灌浆套筒的材料性能

项 目	性 能 指 标	项 目	性 能 指 标
屈服强度 R_{el}/MPa	≥355	断后伸长率 A_5（%）	≥16
抗拉强度 R_m/MPa	≥600		

3. 灌浆套筒尺寸偏差和外观质量要求

灌浆套筒的尺寸偏差应符合表 3-25 的规定。

表 3-25   灌浆套筒尺寸偏差表

序号	项 目	灌浆套筒尺寸偏差					
		铸造灌浆套筒			机械加工灌浆套筒		
	钢筋直径/mm	12~20	22~32	36~40	12~20	22~32	36~40
1	外径允许偏差/mm	±0.8	±1.0	±1.5	±0.6	±0.8	±0.8
2	壁厚允许偏差/mm	±0.8	±1.0	±1.2	±0.5	±0.6	±0.8
3	长度允许偏差/mm	±(0.01×L)			±2.0		
4	锚固段环形突起部分的内径允许偏差/mm	±1.5			±1.0		
5	锚固段环形凸起部分的内径最小尺寸与钢筋公称直径差值/mm	≥10			≥10		
6	直螺纹精度	/			GB/T 197 中 6H 级		

铸造灌浆套筒内外表面不应有影响使用性能的夹渣、冷隔、砂眼、缩孔、裂纹等质量缺陷；机械加工灌浆套筒表面不应有裂纹或影响接头性能的其他缺陷，端面和外表面的边棱处应无尖棱、毛刺。灌浆套筒外表面标识应清晰，表面不应有锈皮。

4. 灌浆套筒力学性能要求

灌浆套筒应与灌浆料匹配使用，采用灌浆套筒连接钢筋接头的抗拉强度应符合《钢筋机械连接技术规程》（JGJ 107—2010）中Ⅰ级接头的规定。

5. 球墨铸铁套筒铸造要求

采用球墨铸铁制造灌浆套筒时，由于套筒内部结构比较复杂，选用合理铸造成型工艺对铸件的质量影响非常重要。

1）由于铸造球墨铸铁是在高碳低硫的条件下产生的，球化过程中铁水的温度会降低，铁水的流动性也会变差，一般应将铁水出炉温度控制在 1300℃ 以上。铁水的含碳量的高低会影响球化效果，一般应该将含碳量控在 3.8～1.2 左右。

2）合理选择铸造用砂，包括外形砂、芯砂，控制用砂含水量。芯砂质量和制作工艺对灌浆套筒内部残砂清理起着至关重要的作用，一旦芯砂质量出现偏差，灌浆套筒内部残砂清理将非常困难。

3）合理设计铸造浇可、分型面、冒口、拔模斜度，对制造球墨铸铁灌浆套筒的质量有重要影响。

6. 灌浆套筒检验与验收

灌浆套筒质量检验分为出厂检验和型式检验。出厂检验项目包括材料性能、尺寸偏差、外观质量；型式检验除了出厂检验项目外，还要进行套筒力学性能检验。

（1）灌浆套筒材料性能检验

主要检验材料的屈服强度、抗拉强度和断后伸长率，铸造套筒还要检查球化率和硬度。铸造灌浆套筒的材料性能采用单铸试块的方式取样，机械加工灌浆套筒的材料性能通过原材料的方式取样；铸造材料试样制作采用单铸试块的方式进行，试样的制作应符合相关规定；圆钢或钢管的取样和制备应符合《钢及钢产品 力学性能试验取样位置及试样制备》（GB/T 2975—1998）的规定；材料性能试验方法应符合《金属材料 拉伸试验 第 1 部分：室温试验方法》（GB/T 228.1—2010）的规定。球化率试验采用本体试样，从灌浆套筒的中间位置取样，灌浆套筒尺寸较小时，也可采用单铸试块的方式取样；实验试样的制作应符合《金属显微组织检验方法》（GB/T 13298—1991）的规定；球化率试验方法应符合《球墨铸铁金相检验》（GB/T 9441—2009）的规定，以球化分级图中 80% 和 90% 的标准图片为依据，球化形态居两者中间状态为合格。硬度试验采用本体试样，从灌浆套筒中间位置截取约 15mm 高的环形试样，灌浆套筒壁厚较小时，也可采用单铸试块的方式取样；试验试样的制作应符合《金属材料 布氏硬度试验 第 1 部分：试验方法》（GB/T 231.1—2009）的规定；采用直径为 2.5mm 的硬质合金球，试验力为 1.839kN，取 3 点，试验方法应符合《金属材料 布氏硬度试验 第 1 部分：试验方法》（GB/T 231.1—2009）的规定。

（2）灌浆套筒主要尺寸检验

灌浆套筒主要尺寸检验有套筒外径、壁厚、长度、凸起内径、螺纹中径、灌浆连接段凹槽大孔。外径、壁厚、长度、凸起内径采用游标卡尺或专用量具检验，卡尺精度不应低于 0.02mm；灌浆套筒外径应在同一截面相互垂直的两个方向测量，取其平均值；壁厚的测量可在同一截面相互垂直两方向测量套筒内径，取其平均值，通过外径、内径尺寸计算出壁厚；直螺纹中径使用螺纹塞规检验，螺纹小径可用光规或游标卡尺测量；灌浆连接段凹槽大孔用内卡规检验，卡规精度不应低于 0.02mm。

（3）灌浆套筒的力学性能试验

灌浆套筒的力学性能试验通过灌浆套筒和匹配灌浆料连接的钢筋接头试件进行，接头抗拉强度的试验方法应符合《钢筋机械连接技术规程》（JGJ 107—2010）的规定。

（4）灌浆套筒出厂检验

灌浆套筒出厂检验的组批规则、取样数量及方法是：材料性能检验应以同钢号、同规格、同炉（批）号的材料作为一个验收批，每批随机抽取 2 个；尺寸偏差和外观应以连续生产的同原材料、同炉（批）号、同类型、同规格的 1000 个灌浆套筒为一个验收批，不足 1000 个灌浆套筒时仍可作为一个验收批，每批随机抽取 10%，连续 10 个验收批一次性检验均合格时，尺寸偏差及外观检验的取样数量可由 10% 降低为 5%。

出厂检验判定规则是：在材料性能检验中，若 2 个试样均合格，则该批灌浆套筒材料性能判定为合格；若有 1 个试样不合格，则需另外加倍抽样复检，复检全部合格时，则仍可判定该批灌浆套筒材料性能为合格；若复检中仍有 1 个试样不合格，则该批灌浆套筒材料性能判定为不合格。在尺寸偏差及外观检验中，若灌浆套筒试样合格率不低于 97% 时，该批灌浆套筒判定为合格；当低于 97% 时，应另外抽双倍数量的灌浆套筒试样进行检验，当合格率不低于 97% 时，则该批灌浆套筒仍可判定为合格；若仍低于 97% 时，则该批灌浆套筒应逐个检验，合格者方可出厂。在有下列情况之一时，应进行型式检验：

1）灌浆套筒产品定型时。

2）灌浆套筒材料、工艺、规格进行改动时。

3）型式检验报告超过 4 年时。

（5）型式检验取样数量及取样方法

材料性能试验以同钢号、同规格、同炉（批）号的材料中抽取，取样数量为 2 个；尺寸偏差和外观应以连续生产的同原材料、同炉（批）号、同类型、同规格的套筒中抽取，取样数量为 3 个；抗拉强度试验的灌浆接头取样数量为 3 个。型式检验判定规则是：所有检验项目合格方可判定为合格。

◆ 钢筋套筒连接用灌浆料

钢筋连接用套筒灌浆料是以水泥为基本材料，配以适当的细骨料，以及少量的混凝土外加沙和其他材料组成的干混料，加水搅拌后具有大流动度、高强、微膨胀等性能，填充于套筒和带肋钢筋间隙内，形成钢筋套筒灌浆连接接头，简称"套筒灌浆料"。

钢筋套筒连接用灌浆料的性能应符合表 3-26 的要求。

表 3-26　　　　　　　　　　钢筋套筒连接用灌浆料的性能

检 测 项 目		性 能 指 标
流动度/mm	初始	≥300
	30min	≥260
抗压强度/MPa	1d	≥35
	3d	≥60
	28d	≥85
竖向膨胀率（%）	3h	≥0.02
	24h 与 3h 差值	0.02～0.5
氯离子含量（%）		≤0.03
泌水率（%）		0

1. 套筒灌浆料检验

套筒灌浆料产品检验分出厂检验和型式检验。出厂检验项目包括：初始流动度、30min 流动度，1d、3d 抗压强度，3h、24h 竖向膨胀率，当用户需要时进行 28d 抗压强度检测。型式检验项目除出厂检验项目外，还有氯离子含量和泌水率。

检验样品的取样：在 5 天内生产的同配方产品作为一生产批号，最大数量不超过 10t，不足 10t 也作为同一生产批号；取样应有代表性，可连续取，也可从多个部位取等量样品；取样方法按《水泥取样方法》（GB/T 12573—2008）进行。检验用水应符合相关的规定，砂浆搅拌机应符合《试验用砂浆搅拌机》（JG/T 3033—1996）规定。将抽取的套筒灌浆料样品放入砂浆搅拌机中，加入规定用水量 80% 后，开动砂浆搅拌机使混合料搅拌至均匀，搅拌 3～4min 后，再加入所剩的 20% 规定用水量，控制总搅拌时间一般不少于 5min。搅拌完成后进行流动度、抗压强度、竖向膨胀率试验，流动度、抗压强度和竖向膨胀率的试验方法按《水泥基灌浆材料应用技术规范》（GB/T 50448—2008）的相关规定进行。当出厂检验项目的检验结果全部符合要求时判定为合格品，若有一项指标不符合要求时则判定为不合格。

氯离子含量检验采用新搅拌砂浆，测定方法按《水泥基灌浆材料应用技术规范》（GB/T 50448—2008）的要求进行；泌水率试验按《普通混凝土拌合物性能试验方法标准》（GB/T 50080—2002）的规定进行。

有下列情况之一时，应进行型式检验：

1）新产品的试制定型鉴定。

2）正式生产后如材料及工艺有较大变动，有可能影响产品质量时。

3）停产半年以上恢复生产时。

4）国家质量监督机构提出型式检验专门要求时。

当产品首次提供给用户使用时，材料供应方应提供有效产品型式检验报告；当用户需要出厂检测报告时，生产厂应在产品发出之日起 7d 内寄发除 28d 抗压强度以外的各项试验结果，28d 抗压强度检测数值，应在产品发出之日起 40d 内补报。

2. 套筒灌浆料交货与验收

套筒灌浆料交货时产品的质量验收可抽取实物试样，以其检验结果为依据，也可以产品同批号的检验报告为依据。采用何种方法验收由买卖双方商定，并在合同或协议中注明。以抽取实物试样的检验结果为验收依据时，买卖双方应在发货前或交货地共同取样和封存。取样方法按《水泥取样方法》（GB/T 12573—2008）的相关规定进行。

3. 套筒灌浆料包装与标识

钢筋接头灌浆料采用防潮袋包装，并满足相关规定，每袋净重量 25kg 或 50kg；包装袋上应标明产品名称、净重量、生产厂家、单位地址、联系电话、生产批号、生产日期等。

◆接头施工现场与验收

1. 进入现场前检验

套筒灌浆连接接头进入现场时，应检查灌浆套筒型检报告、出厂合格证、灌浆料型式检验报告、出厂合格证和套筒灌浆连接接头型式检验报告，在检验报告中，对套筒灌浆连接接头试件基本参数应详细记载，包括套筒型号、钢筋型号、砂浆强度、套筒重量、套筒长度、套筒外径、钢筋插入口径、注浆口位置、出浆口位置、钢筋埋入深度、封浆橡胶厚度等。套筒灌浆连接接头的型式检验除应按现行行业标准《钢筋机械连接技术规程》（JGJ 107—2010）的有关规定执行外，尚应在施工前的现场同条件制作接头工艺性检验试件，养护 28d 后测定接头的抗拉强度应满足设计要求。

2. 构件制作和安装验收检验

（1）接头工艺检验

钢筋连接工程开始前，应对不同规格、不同钢筋生产厂的进场钢筋进行连接接头工艺检验，施工过程中如更换钢筋生产厂，应补充进行工艺检验。

工艺检验应符合下列要求：

1）每种规格钢筋的接头试件应不小于 3 根。

2）每根试件的抗拉强度和 3 根试件残余变形的平均值均应符合《钢筋机械连接技术规程》（JGJ 107—2010）规程中 Ⅰ 级接头的规定，接头试件在测量残余变形后可再进行抗拉强度试验。

3）第一次工艺检验中 1 根试件抗拉强度或 3 根试件残余变形的平均值不合格时，允许再做 3 根试件进行复检，复检仍不合格时判为工艺检验不合格。

接头工艺性能检验合格后，方可开始钢筋连接施工。

（2）灌浆接头现场检验

接头安装前应检查灌浆套筒产品合格证及套筒表面生产批号标识；产品合格证应包括适用钢筋直径和接头性能等级、套筒类型、生产单位、生产日期以及可追溯产品原材料力学性能和加工质量的生产批号。现场检验应进行接头的抗拉强度试验，加工和安装质量检验；对接头有特殊要求的结构，应在设计图纸中另行注明相应的检验项目。

施工观场检验应按验收批进行。在构件预制中，同一施工条件下、同一批材料、同规格的灌浆接头，以 500 个为一个验收批进行检验和验收，不足 500 个的也作为一个验收批。检验项目包括外观检验和接头性能检验，外观检查主要检查灌浆饱和度和钢筋插入深度标识，接头性能检验按与施工同等条件制作 3 个试件进行单向拉伸试验，单向拉伸强度应符合《钢筋机械连接技术规程》（JGJ 107—2010）规程中 Ⅰ 级接头的性能指标。外观检查和试件单向拉伸试验均符合要求时，该验收批评为合格。如接头单向拉伸试验中有 1 个试件的强度不合格，应再取 6 个试件进行复检，复检中有 1 个试件试验结果不合格，则该验收批判为不合格。预制构件安装全数检查其施工记录和每班试件强度试验报告。

（3）工程验收

1）预制构件在混凝土浇筑成形前，应对灌浆接头进行隐蔽工程检查，检查项目应包括下列内容：

①纵向受力钢筋品种、规格、数量、位置等。

②钢筋接头位置、接头数量、接头面积百分率等。

③灌浆套筒的规格、数量、位置等。

④箍筋、横向钢筋的品种、规格、数量、间距等。

⑤钢筋灌浆接头的混凝土保护层厚度。

2）工程验收时套筒灌浆连接接头应提交下列资料和记录：

①灌浆套筒、灌浆料的产品合格证书、灌浆接头型式检验报告、进场工艺检验报告。

②套筒灌浆连接的施工检验记录和灌浆料浆体强度检测报告。

【实例】

【例 3-14】 某 8 层住宅的预制外墙，如图 3-18（a）所示；12 层的高层住宅（现浇楼板），如图 3－18（b）所示；用于 22 层的格构墙系，如图 3－18（c）所示。

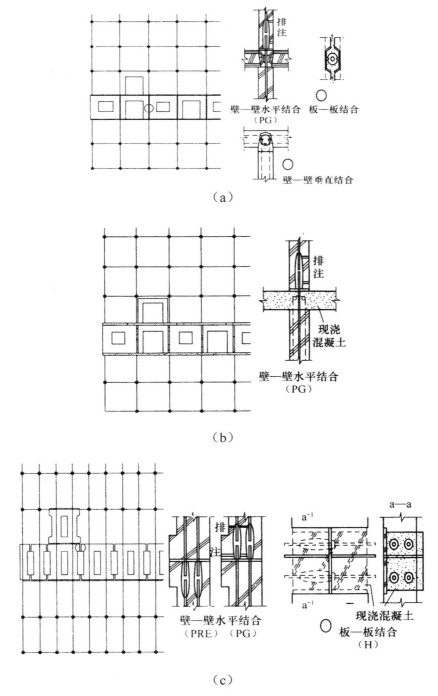

图 3－18　墙板体系应用实例

【例 3－15】　某住宅工业化楼是装配式剪力墙结构，直径 16mm 钢筋连接采用套筒灌浆连接
接头 1 万余个，主要用于带保温层预制构件的复合剪力墙竖向连接。钢筋直螺纹采用剥肋滚轧

工艺，钢筋螺纹丝头加工和与套筒连接、灌浆套筒在预制构件中定位固定、绑扎、支模和浇注养护均在预制构件厂内完成，预制成复合剪力墙构件产品，如图 3-19 所示。在工地现场施工时，剪力墙在结构上吊装就位、固定后，进行接头灌浆作业，如图 3-20 所示，灌浆 1 天后，墙体支护固定装置即可拆除。

图 3-19　预制剪力墙构件

图 3-20　剪力墙构件吊装就位

钢筋套筒灌浆连接技术在国外已有几十年应用和发展的历史，技术成熟、可靠，广泛应用于各类装配式混凝土结构建筑的主筋连接，是影响结构整体安全性和抗震性能的关键因素之一。

第 4 章

钢筋连接施工安全

4.1　钢筋焊接安全

常遇问题

1. 钢筋连接在施工中应该注意哪些要求？都有什么作用？
2. 钢筋焊接安全对操作人员有哪些要求？

【安全技术】

◆**一般要求**

（1）安全培训与人员管理规定

1）承担钢筋焊接工程的企业应建立健全钢筋焊接安全生产管理制度，并应对实施焊接操作和安全管理人员进行安全培训，经考核合格后方可上岗。

2）操作人员必须按焊接设备的操作说明书或有关规程，正确使用设备和实施焊接操作。

（2）焊接操作及配合人员劳动防护用品规定

1）焊接人员操作前，应戴好安全帽，佩戴电焊手套、围裙、护腿，穿阻燃工作服；穿焊工皮鞋或电焊工劳保鞋，戴防护眼镜（滤光或遮光镜）、头罩或手持面罩。

2）焊接人员进行仰焊时，应穿戴皮制或耐火材质的套袖、披肩罩或斗篷，以防头部灼伤。

◆**对工作区的要求**

（1）焊接工作区域的防护规定

1）焊接设备应安放在通风、干燥、无碰撞、无剧烈振动、无高温、无易燃品存在的地方；特殊环境条件下还应对设备采取特殊的防护措施。

2）焊接电弧的辐射及飞溅范围，应设不可燃或耐火板、罩、屏，防止人员受到伤害。

3）焊机不得受潮或雨淋；露天使用的焊接设备应予以保护，受潮的焊接设备在使用前必须彻底干燥并经适当试验或检测。

4）焊接作业应在足够的通风条件下（自然通风或机械通风）进行，避免操作人员吸入焊接操作产生的烟气流。

5）在焊接作业场所应当设置警告标志。

（2）焊接作业区防火安全规定

1）焊接作业区和焊机周围 6m 以内，严禁堆放装饰材料、油料、木材、氧气瓶、溶解乙炔气瓶、液化石油气瓶等易燃、易爆物品。

2）除必须在施工工作面焊接外，钢筋应在专门搭设的防雨、防潮、防晒的工房内焊接；工房的屋顶应有安全防护和排水设施，地面应干燥。应有防止飞溅的金属火花伤人的设施。

3）高空作业的下方和焊接火星所及范围内，必须彻底清除易燃、易爆物品。

4）焊接作业区应配置足够的灭火设备，如水池、沙箱、水龙带、消火栓、手提灭火器。

◆**其他要求**

1）各种焊机的配电开关箱内，应安装熔断器和漏电保护开关；焊接电源的外壳应有可靠的接地或接零；焊机的保护接地线应直接从接地极处引接，其接地电阻值不应大于4Ω。

2）冷却水管、输气管、控制电缆、焊接电缆均应完好无损；接头处应连接牢固，无渗漏，绝缘良好；发现损坏应及时修理；各种管线和电缆不得挪作拖拉设备的工具。

3）在封闭空间内进行焊接操作时，应设专人监护。

4）氧气瓶、溶解乙炔气瓶或液化石油气瓶、干式回火防止器、减压器及胶管等，应防止损坏。发现压力表指针失灵，瓶阀、胶管有泄漏，应立即修理或更换；气瓶必须进行定期检查，使用期满或送检不合格的气瓶禁止继续使用。

5）气瓶使用应符合下列规定

①各种气瓶应摆放稳固；钢瓶在装车、卸车及运输时，应避免互相碰撞；氧气瓶不能与燃气瓶、油类材料以及其他易燃物品同车运输。

②吊运钢瓶时应使用吊架或合适的台架，不得使用吊钩、钢索和电磁吸盘；钢瓶使用完时，要留有一定的余压力。

③钢瓶在夏季使用时要防止暴晒，冬季使用时如发生冻结、结霜或出气量不足时，应用温水解冻。

6）贮存、使用、运输氧气瓶、溶解乙炔气瓶、液化石油气瓶、二氧化碳气瓶时，应分别按照国家质量监督检验检疫总局颁发的现行《气瓶安全技术监察规程》（TSG R0006—2014）和国家标准化管理委员会颁发的现行《溶解乙炔气瓶定期检验与评定》（GB 13076—2009）中有关规定执行。

4.2　钢筋加工机械操作安全技术

> **常遇问题**
> 1. 请列表说明不同的钢筋加工设备的安全操作技术。
> 2. 如何进行钢筋的冷拉安全操作？

【安全技术】

◆**一般规定**

1）机械上不准堆放物件，以防机械震动时落入机体内。

2）钢筋装入压滚，手与滚筒应保持一定距离；机器运转中不得调整滚筒；严禁戴手套操作。

3）钢筋调直到末端时，人员必须躲开，以防甩动伤人。

4）短于2m或直径大于9mm的钢筋调直，应低速加工。

◆**钢筋调直切断机安全操作技术**

1）料架、料槽应安装平直，对准导向筒、调直筒及下切刀孔的中心线。

2）用手转动飞轮，检查传动机构及工作装置，调整间隙，紧固螺栓，确定正常后才可启动空转；检查轴承应无异响，齿轮啮合良好，等运转正常后才能作业。

3）按照所调直钢筋的直径，选用适当的调直块以及传动速度，经调试合格才能送料。

4）在调直块没有固定、防护罩没有盖好前不能送料。作业中，禁止打开各部防护罩也不可调整间隙。

5）在钢筋送入后，手与曳引轮一定要保持一定距离，不许接近。

6）送料前应将不直的料切去，导向筒前应装一根 1m 长的钢管，钢筋一定要先穿过钢管，再送入调直机前端的导孔内。

7）作业后，应松开调直筒的调直块并使其回到原来的位置，同时预压弹簧一定要回位。

◆钢筋弯曲机安全操作技术

1）钢筋要贴紧挡板，注意放入插头的位置和回转方向，不得错开。

2）弯曲长钢筋，应有专人扶住，并站在钢筋弯曲方向的外面，互相配合，不得拖拉。

3）调头弯曲时，应防止碰撞人和物；若需更换插头、加油或清理，须在停机后进行。

4）不能戴手套操作。

◆钢筋切断机安全操作技术

1）机械运转正常，方准断料。断料时，手与刀口距离不得少于15cm；活动刀片前进时禁止送料。

2）切断钢筋时禁止超过机械的负载能力。切断低合金钢等特种钢筋时，应用高硬度刀片。

3）切长钢筋时应有专人扶住，操作时动作要一致，不得任意拖拉；切短钢筋须用套管或钳子夹料，不得用手直接送料。

4）切断机旁应设放料台；机械运转中，严禁用手直接清除刀口附近的短头和杂物；在钢筋摆动范围和刀口附近，非操作人员不得停留。

5）不能在运转未定妥时清擦机械。

◆预应力钢筋拉伸设备安全操作技术

1）在采用钢模配套张拉时，两端应有地锚，并须配有卡具、锚具，钢筋两端要有镦头。场地外两端外侧须有防护栏杆及警告标志。

2）检查卡具、锚具以及被拉钢筋两端镦头，若有裂纹或破损，须及时修复或更换。

3）空载运转时，应校正千斤顶及压力表的指示吨位，对比张拉钢筋所需吨位以及延伸长度。检查油路有无泄漏，确认正常后，才能作业。

4）作业中操作应平稳、均匀，张拉时两端不许站人。拉伸机在有压力的情况下，禁止拆卸液压系统中的任何零件。张拉时，不许用手摸或脚踩钢筋或钢丝。

5）在测量钢筋的伸长或拧紧螺母时，应先停止拉伸，操作人员一定要站在侧面操作。

6）用电热张拉法带电操作时，应穿绝缘胶鞋并戴绝缘手套。

7）作业后应切断电源，锁好电闸箱，将千斤顶全部卸荷，并将拉伸设备放在指定地点进行保养。

4.3 钢筋电弧焊操作安全技术

常遇问题

1. 什么是钢筋电弧焊操作的防止烧伤安全操作?
2. 防火安全技术和防触电安全技术有哪些不同?

【安全技术】

◆防触电安全技术

电流通过人体会对人产生程度不同的伤害,当电流超过 0.05A 时,就有生命危险,0.1A 电流通过人体 1s 就足以致命。所以焊工首先要防止触电,特别是在阴雨天或潮湿地方工作更要注意防护。

1) 各种焊机的机壳接地必须良好。

2) 焊接设备的安装、修理和检查必须由电工进行。焊机在使用中发生故障,焊工应立即切断电源,通知电工检查修理,焊工不得随意拆修焊接设备。

3) 焊工推拉闸刀时,头部不要正对电闸,防止电弧火花烧伤面部,必要时应戴绝缘手套。

4) 焊工要戴好防护手套。初级电线、焊接电缆等必须绝缘良好,不得破皮。

◆钢筋焊接机械安全操作技术

1) 焊接机具必须经过检查调整,试运转正常后,方可使用。焊机必须有专人使用和管理,非该机人员,不得操作。

2) 现场使用的电焊机应设有可防雨、防潮、防晒的机棚,并备有消防用品,操作棚应用防火材料搭设。

3) 焊接机械的电源部分要妥善保护,焊接机械必须装接地线,其入土深度应在冻土线以下,地线电阻不应大于 4Ω。

4) 在停止工作或检查、调整焊接变压级数时,应将电源切断。

5) 作业后,清理场地,灭绝火种,切断电源,锁好电闸箱,消除焊料余热后方可离开。

◆防止火灾和烧伤安全技术

在施工现场或车间,由于不慎,使焊接火花引起火灾,造成重大损失者屡见不鲜,对此必须足够重视。

1) 焊区附近不得堆放易燃、易爆物品。高空焊接时,还应注意在其下方同样不得有草袋、刨花、汽油等易燃、易爆物品。

2) 应经常检查电路和各个接点。严禁在运行中的压力管道、装有易燃易爆物品的容器和受力构件上进行焊接和切割。

此外,焊工进行焊接时,应按劳动部门颁发的有关规定使用劳保用品,穿工作服,戴防护眼镜、工作帽、皮手套等,以防火花引起烧伤。要特别注意弧光、火焰和飞溅烧伤眼睛。

4.4　钢筋气压焊操作安全技术

常遇问题

1. 气瓶应该如何储存？应该注意哪些问题？
2. 请简单阐述钢筋气压焊的安全操作技术。

【安全技术】

◆气瓶管理与使用

1. 气瓶的储存

1）气瓶必须储存在不会遭受物理损坏或使气瓶内储存物的温度不会超过 40℃的地方。

2）气瓶必须储放在远离电梯、楼梯或过道、不会被经过或倾倒的物体碰翻或损坏的指定地点。在储存时，气瓶必须稳固，以免翻倒。

3）气瓶在储存时必须与可燃物、易燃液体隔离，并且远离容易引燃的材料（诸如木材、纸张、包装材料、油脂等）至少 6m 以上，或用至少 1.6m 高的不可燃隔板隔离。

2. 气瓶在现场的安放、搬运及使用

1）气瓶在使用时必须稳固竖立或装在专用车（架）或固定装置上。

2）气瓶不得置于受阳光暴晒、热源辐射及可能受到电击的地方。气瓶必须距离实际焊接或切割作业点足够远（一般为 5m 以上），以免接触火花、热渣或火焰，否则必须提供耐火屏障。

3）气瓶不得置于可能使其本身成为电路一部分的区域。避免与电动机车轨道、无轨电车电线等接触。气瓶必须远离散热器、管路系统、电路排线等，及可能供接地（如电焊机）的物体。禁止用电极敲击气瓶，在气瓶上引弧。

4）搬运气瓶时，应注意：

①关紧气瓶阀，而且不得提拉气瓶上的阀门保护帽。

②用起重机运送气瓶时，应使用吊架或合适的台架，不得使用吊钩、钢索或电磁吸盘。

③避免可能损伤瓶体、瓶阀或安全装置的剧烈碰撞。

5）气瓶不得作为滚动支架或支撑重物的托架。

6）气瓶应配置手轮或专用扳手启闭瓶阀。气瓶在使用后不得放空，必须留有不小于 98～196kPa 表压的余气。

7）当气瓶冻住时，不得在阀门或阀门保护帽下面用撬杠撬动气瓶松动。应使用 40℃以下的温水解冻。

3. 乙炔气瓶的开启

开启乙炔气瓶的瓶阀时应缓慢，严禁开至超过 1.5 圈，最多开至 3/4 圈，以便在紧急情况下迅速关闭气瓶。

◆钢筋气压焊机操作安全技术

1）气压焊时要防止发生氧气和乙炔气泄漏事故。对供气设备要经常检查，凡不符合高压容器使用要求的容器，严禁使用。

2）乙炔发生器的压力要保持正常，压力超过147MPa时应停用。乙炔发生器应放在操作地点的上风处，不得放在高压线及一切电线的下面，不得放在强烈日光下曝晒。

3）气压焊用氧气和乙炔气两种输气胶管不得相互换用。新橡胶管必须经压力试验。未经压力试验的或代用品及变质、老化、脆裂、漏气和沾上油脂的胶管均不允许使用。

4）点燃焊炬时，应先开乙炔阀点火，然后开氧气阀调整火焰。关闭时应先关闭乙炔阀，再关闭氧气阀。

5）氧气、乙炔的存放要遵守防火安全规定。

◆焊接施工防爆安全技术

乙炔和液化石油气均为燃烧气体，易燃、易爆；氧气是助燃气体，瓶装氧气系处于高压状态；在钢筋气压焊中，要防止各种可能发生的爆炸事故。

1）气瓶在夏季要防止曝晒；冬季要防止阀门等处发生冻结。一旦发生冻结，只能用40℃以下的温水解冻，不得火烤。

2）氧气瓶上必须有防震橡胶圈，氧气瓶阀处不得有油脂。若发现漏气，应及时交氧气站修理。

3）乙炔瓶应直立，不得横放，以防丙酮流出；使用乙炔发生器时，特别注意按照有关操作规程进行。

4）阀门、减压器、橡胶管等所有连接处应防止漏气，橡胶管不得弯折。一旦发现漏气，应及时处理。

参 考 文 献

［1］ 全国钢标准化技术委员会．冷轧带肋钢筋（GB 13788—2008）［S］．北京：中国标准出版社，2008.
［2］ 全国钢标准化技术委员会．钢筋混凝土用余热处理钢筋（GB 13014—2013）［S］．北京：中国标准出版社，2013.
［3］ 中国建筑科学研究院．冷轧扭钢筋（JG 190—2006）［S］．北京：中国标准出版社，2006.
［4］ 全国钢标准化技术委员会．钢筋混凝土用钢 第 1 部分：热轧光圆钢筋（GB 1499.1—2008）［S］．北京：中国标准出版社，2008.
［5］ 全国钢标准化技术委员会．钢筋混凝土用钢 第 2 部分：热轧带肋钢筋（GB 1499.2—2007）［S］．北京：中国标准出版社，2007.
［6］ 中华人民共和国住房和城乡建设部．钢筋焊接及验收规程（JGJ 18—2012）［S］．北京：中国建筑工业出版社，2012.
［7］ 中华人民共和国住房和城乡建设部．钢筋机械连接技术规程（JGJ 107—2010）［S］．北京：中国建筑工业出版社，2010.
［8］ 中华人民共和国住房和城乡建设部．钢筋连接用灌浆套筒（JG/T 398—2012）［S］．北京：中国标准出版社，2012.
［9］ 中国铸造标准化技术委员会．球墨铸铁件（GB/T 1348—2009）［S］．北京：中国标准出版社，2009.
［10］ 侯君伟．钢筋工手册［M］．北京：中国建筑工业出版社，2008.
［11］ 徐有邻，吴晓星．滚扎直螺纹钢筋连接技术应用指南［M］．北京：化学工业出版社，2005.
［12］ 梁绍平．钢筋巧加工［M］．北京：中国建筑工业出版社，2010.
［13］ 林振伦，张云．钢筋焊接网混凝土结构实用技术指南［M］．北京：中国建筑工业出版社，2008.

图书在版编目（CIP）数据

例解钢筋连接方法 / 李守巨，徐鑫主编. —北京：知识产权出版社，2016.6
（例解钢筋工程实用技术系列）
ISBN 978-7-5130-4190-4

Ⅰ.①例… Ⅱ.①李… ②徐… Ⅲ.①钢筋—连接技术 Ⅳ.①TU755.3

中国版本图书馆 CIP 数据核字（2016）第 100501 号

内容提要

本书主要介绍了钢筋的连接方法。本书共分为四章，详细并系统地介绍了钢筋电阻点焊、钢筋闪光对焊、箍筋闪光对焊、钢筋电弧焊、钢筋电渣压力焊、钢筋气压焊、预埋件钢筋埋弧压力焊、钢筋绑扎搭接、钢筋套筒挤压连接、钢筋锥螺纹套筒连接、钢筋镦粗直螺纹连接、钢筋滚扎直螺纹连接、带肋钢筋熔融金属充填接头连接、钢筋套筒灌浆连接以及钢筋连接的施工安全技术等内容。

本书内容丰富、语言精练、实用性强。可供施工人员以及相关院校的师生参考使用。

责任编辑：段红梅　刘　爽		责任校对：谷　洋	
封面设计：刘　伟		责任出版：刘译文	

例解钢筋工程实用技术系列
例解钢筋连接方法
李守巨　徐　鑫　主编

出版发行：知识产权出版社有限责任公司　　网　　址：http：//www.ipph.cn
社　　址：北京市海淀区西外太平庄 55 号　　邮　　编：100081
责编电话：010 - 82000860 转 8125　　责编邮箱：39919393@qq.com
发行电话：010 - 82000860 转 8101/8102　　发行传真：010 - 82000893/82005070/82000270
印　　刷：北京富生印刷厂　　经　　销：各大网上书店、新华书店及相关专业书店
开　　本：787mm×1092mm　1/16　　印　　张：11.25
版　　次：2016 年 6 月第 1 版　　印　　次：2016 年 6 月第 1 次印刷
字　　数：300 千字　　定　　价：38.00 元

ISBN 978-7-5130-4190-4

责任编辑/段红梅　刘　爽
封面设计/刘　伟

例解钢筋工程实用技术系列

例解钢筋识图方法
例解钢筋计算方法
例解钢筋翻样方法
例解钢筋下料方法
■ **例解钢筋连接方法**

上架建议：建筑工程 钢结构

ISBN 978-7-5130-4190-4

9 787513 041904 >

定价：38.00元